Jade Louber

Principes moléculaires du mécanisme d'activation du récepteur RIG-I

Jade Louber

Principes moléculaires du mécanisme d'activation du récepteur RIG-I

Caractérisation de l'association du récepteur RIG-I à de potentiels ARN agonistes

Presses Académiques Francophones

Impressum / Mentions légales

Bibliografische Information der Deutschen Nationalbibliothek: Die Deutsche Nationalbibliothek verzeichnet diese Publikation in der Deutschen Nationalbibliografie; detaillierte bibliografische Daten sind im Internet über http://dnb.d-nb.de abrufbar.
Alle in diesem Buch genannten Marken und Produktnamen unterliegen warenzeichen-, marken- oder patentrechtlichem Schutz bzw. sind Warenzeichen oder eingetragene Warenzeichen der jeweiligen Inhaber. Die Wiedergabe von Marken, Produktnamen, Gebrauchsnamen, Handelsnamen, Warenbezeichnungen u.s.w. in diesem Werk berechtigt auch ohne besondere Kennzeichnung nicht zu der Annahme, dass solche Namen im Sinne der Warenzeichen- und Markenschutzgesetzgebung als frei zu betrachten wären und daher von jedermann benutzt werden dürften.

Information bibliographique publiée par la Deutsche Nationalbibliothek: La Deutsche Nationalbibliothek inscrit cette publication à la Deutsche Nationalbibliografie; des données bibliographiques détaillées sont disponibles sur internet à l'adresse http://dnb.d-nb.de.
Toutes marques et noms de produits mentionnés dans ce livre demeurent sous la protection des marques, des marques déposées et des brevets, et sont des marques ou des marques déposées de leurs détenteurs respectifs. L'utilisation des marques, noms de produits, noms communs, noms commerciaux, descriptions de produits, etc, même sans qu'ils soient mentionnés de façon particulière dans ce livre ne signifie en aucune façon que ces noms peuvent être utilisés sans restriction à l'égard de la législation pour la protection des marques et des marques déposées et pourraient donc être utilisés par quiconque.

Coverbild / Photo de couverture: www.ingimage.com

Verlag / Editeur:
Presses Académiques Francophones
ist ein Imprint der / est une marque déposée de
OmniScriptum GmbH & Co. KG
Heinrich-Böcking-Str. 6-8, 66121 Saarbrücken, Deutschland / Allemagne
Email: info@presses-academiques.com

Herstellung: siehe letzte Seite /
Impression: voir la dernière page
ISBN: 978-3-8416-2525-0

Zugl. / Agréé par: Lyon, Université Claude Bernard Lyon 1, 2013

Copyright / Droit d'auteur © 2015 OmniScriptum GmbH & Co. KG
Alle Rechte vorbehalten. / Tous droits réservés. Saarbrücken 2015

REMERCIEMENTS

Je tiens tout d'abord à remercier mon directeur de thèse, Denis Gerlier, de m'avoir accueillie comme étudiante en stage de Master 2 et m'avoir donné toutes les cartes afin que je poursuive en thèse. Au cours de ces 4 années, tu as toujours été de très bons conseils scientifiques et la porte de ton bureau n'a été fermée qu'en de rares occasions. Tu as toujours été d'une réactivité renversante, et cela même lors de tes dernières vacances, période que j'ai choisie pour écrire ma thèse… Merci !

Je voudrais aussi remercier les membres de mon jury de thèse. Tout d'abord, je remercie le Dr. Mathias Faure d'avoir accepté de présider ce jury. Je remercie également le Dr. Dominique Garcin et le Dr. Eliane Meurs d'avoir joué le rôle de rapporteur et suggéré des corrections pertinentes. Enfin je remercie le Dr. Stephen Cusack d'avoir accepté d'être examinateur de ma thèse.

Au cours de ma thèse, j'ai eu l'opportunité de collaborer avec le Dr. Stephen Cusack que je tiens à remercier une seconde fois. Nos réunions ont toujours été très enrichissantes. J'ai par ailleurs eu le plaisir de côtoyer Ewa Kowalinski et Thomas Lunardi, au cours d'une semaine passée à l'EMBL de Grenoble, et j'aimerais les remercier pour leur aide et leurs conseils.

J'exprime également ma gratitude envers Patrick Lomonte et Danielle Blondel, membres de mon comité de thèse, qui m'ont apporté de précieux conseils et participé à l'aboutissement de ce travail.

Mes remerciements vont également à tous les membres du CIRI avec lesquels j'ai pu échanger. En particulier, merci à Marie-Cécile pour sa bonne humeur communicative, son dynamisme. Tu as toujours été disponible pour une petite conversation, que le sujet relève de la science ou pas.

Ma thèse restera une expérience « cool » et ce en grande partie grâce à tous les membres, actuels ou passés, de l'équipe Immunobiologie des Infections Virales. Un grand merci à tous pour vos conseils scientifiques mais également pour plein de petits moments de vie qui me feront de bons souvenirs. Plus personnellement, merci à :
- Joanna, pour avoir joué la nounou de Pata, pour les pauses au soleil pendant lesquelles on parlait de nos sujets préférés (la mode et le foot…), et pour tes appréciations musicales toujours justes (les World Apart ou Laam ?)
- Jérémy (aka Pilon), pour nos discussions poney et pour avoir participé à la remise en place des portes « cachées »
- Erica, pour ta bonne humeur à toute épreuve, une voisine de bureau avec laquelle on ne s'ennuie pas et qui nous fait découvrir de nouvelles expressions : ça pète un couffin !
- Marie, pour avoir essayé de m'initier aux potins (bien que je ne sois pas une élève très attentive), pour nos discussions volley, pour l'instauration de règles essentielles : pas de blouse ni de gants dans le bureau !
- Jess, pour m'avoir tenu compagnie les matins avant 9h et m'avoir trouvé un surnom ridicule que je ne citerai pas

- Phil, pour avoir essayé de m'apprendre les règles du criquet et pour la décoration du bureau que tu as bien voulu laisser même après ton départ
- Louis, pour ton enthousiasme pour la recherche et pour avoir répondu à mes coups de fil quand j'avais oublié de faire quelque chose au labo et ce même après 21h
- Carine, pour avoir toujours trouvé mes post-it, pour m'avoir emmenée à la gym un jour où il y avait vraiment cours et pour avoir grandement participé à la bonne humeur présente le premier soir de la retraite du CIRI (...)
- Joséphine, pour avoir été ma voisine de bureau (au moins pour quelques minutes) et pour avoir su répondre à mes nombreuses questions existentielles : quelle taille doit faire ma thèse ? combien de temps pour écrire l'intro ? comment je l'imprime ?
- Olga, pour ta gentillesse ☺, pour nos conversations anglais-français et pour notre avis partagé sur la recherche
- Kévin, pour tes conseils informatiques sans lesquels mon manuscrit ne ressemblerait à rien et pour tes petits interludes où tu avais toujours une info ou une vidéo cocasse à partager
- Vanessa, pour nos discussions sur le travail dans le privé vs le travail dans le public et pour avoir emmené assez de dentifrice à la retraite du CIRI pour que je puisse t'en emprunter
- Boyan, pour tous les moments où tu râlais contre le fonctionnement de la recherche et pour tes interventions toujours justes et surtout pleines de tact en réunion d'équipe
- Cyrille, pour tes craquages réguliers dans le labo et pour nos discussions totalement objectives au lendemain d'un OL-PSG
- François, pour essayer de me faire économiser des frais vétérinaires

Merci également à Marion et Ludo qui ont permis au projet d'avancer même lorsque j'étais en phase de rédaction, et aux membres des autres équipes de l'étage que j'ai eu l'occasion de croiser tous les jours.

Je tiens également à remercier toutes les personnes qui ont pris le temps de relire mon manuscrit qui, malgré sa taille réduite, représentait, pour certains, un pavé indigeste.

Enfin je remercie sincèrement tous mes proches. En particulier, à ma grand-mère et Nicole, merci de vous être occupées de moi et d'avoir facilité mon intégration et ma réussite en France. François, je suis quelques fois rentrée du labo contrariée, mes soucis de thèse semblaient souvent anodins comparés aux tiens, et pourtant tu m'as toujours apporté ton soutien dans ces phases creuses ; la sérénité et le calme qui te caractérisent ont vraiment été une source de réconfort et d'inspiration. A mes parents, merci de m'avoir toujours soutenue, appris que lorsqu'on commence quelque chose on va jusqu'au bout (état d'esprit essentiel pour affronter les phases cycliques de la thèse), avoir tout fait pour que je réussisse dans la vie et être toujours présents...

<u>RÉSUMÉ</u>

Lors d'une infection virale, l'hôte déclenche une réponse rapide, la réponse immunitaire innée, dont l'interféron (IFN) de type I est la cytokine centrale. Des motifs moléculaires associés aux micro-organismes (MAMP) sont détectés par de nombreux récepteurs dédiés, dont les récepteurs cytoplasmiques de type RIG-I (RLR) identifiés à partir de 2004. Les RLR, au nombre de trois, RIG-I, MDA5 et LGP2, sont des ARN-hélicases composées de deux ou trois types de domaines : deux domaines CARD, responsables du recrutement de la cascade de signalisation, un domaine C-terminal CTD, site de liaison initial à l'ARN viral, et le domaine central hélicase, site secondaire de liaison à l'ARN et possédant également une activité enzymatique ATP-dépendante. RIG-I est impliqué dans la détection de plusieurs virus dont ceux de l'ordre des *Mononegavirales* (virus de la rage, de la rougeole, Ebola). Ce récepteur reconnait des ARN viraux possédant une région double brin adjacente à une extrémité 5'-triphosphate. Les nombreuses études menées n'ont cependant pas encore permis de dégager un mécanisme complet et cohérent de l'activation de RIG-I. Notre objectif était donc d'apporter des réponses moléculaires quant au mécanisme d'activation de RIG-I.

Dans un premier temps, l'élucidation de la structure de la protéine entière RIG-I de canard, par l'équipe de Stephen Cusack, leur a permis d'identifier une conformation auto-réprimée de la protéine. En absence d'ARN le domaine CARD2 interagit avec le sous domaine Hel2i du domaine hélicase. Nous avons apporté une preuve fonctionnelle de cette observation. Les mutations F540A/D, du résidu situé dans le sous domaine Hel2i, inhibent l'interaction CARD2-Hel2i et produisent des mutants constitutivement actifs. A l'opposé, les mutations correspondantes dans le domaine CARD2 rendent RIG-I inactif. L'interaction CARD2-Hel2i semble donc impliquer une double auto-répression via (i) le masquage du site de liaison à l'ARN du sous-domaine Hel2i, et (ii) le masquage de résidus du domaine CARD2 impliqués dans le recrutement d'intermédiaires requis pour la transduction du signal. Par ailleurs, l'étude de mutants impliqués dans la liaison et l'hydrolyse de l'ATP nous a permis de proposer un nouveau rôle régulateur pour cette activité enzymatique.

Dans un deuxième temps, l'étude de la nécessité de l'oligomérisation de RIG-I pour l'activation de la réponse IFN a été menée. Eva Kowalinski, en thèse dans l'équipe de Stephen Cusack, n'observe la formation de dimères de RIG-I, *in vitro*, qu'en présence d'un ARN synthétique possédant deux extrémités 5'-triphosphate. Nous avons complété cette observation avec des analyses montrant que des ARN synthétiques leader incapables d'induire la dimérisation de RIG-I *in vitro*, activent néanmoins ce récepteur *in cellula*. Par ailleurs, ni l'utilisation de la technique de co-immunoprécipitation, ni celle du test de complémentation basé sur la luciférase Gaussia, avec ou sans activation par un ARN ou une infection virale, n'ont permis d'observer d'oligomérisation de RIG-I. L'auto-association de RIG-I ne semble donc pas être indispensable pour son activation.

<u>ABSTRACT</u>

Vertebrates are permanently threatened by infections that they manage to counteract using a dedicated system. The innate immunity allows a rapid response against viral infection, mainly through the type I interferon (IFN) production. Dedicated receptors detect microbe-associated molecular patterns (MAMPs), and among them the RIG-like receptors (RLRs), RIG-I, MDA5 and LGP2, can sense viral RNA into the cytoplasm. RLRs are composed of two or three different domains : two N-terminal CARDs domains are responsible for signal transduction, a C-terminal domain is the first RNA binding site, and a central helicase domain is the second RNA binding site and possesses an ATP-dependent activity. RIG-I is important for sensing of several *Mononegavirales*, such as rabies, measles and Ebola viruses, and recognized 5'-triphosphorylated double stranded RNA. Despite intensive studies, a full and comprehensive model of the mecanism of RIG-I activation is still lacking. Our aim was to clarify the first molecular steps of RIG-I activation.

First, Stephen Cusack's team elucidated the structure of the full length duck RIG-I protein and identified the principle of RIG-I auto-repressed conformation. In absence of ligand RNA, CARD2 domain interacts with Hel2i subdomain of helicase domain.We confirmed this conformation with functional evidence. Mutations F540A/D, in Hel2i subdomain, inhibit CARD2:Hel2i interaction and renders RIG-I constitutively active. In contrast, the corresponding mutations in the Hel2i contacting site of CARD2 domain produce inactive mutants. Thus CARD2:Hel2i interaction induces an auto-repressed state through a dual masking of both Hel2i RNA binding site and CARD2 residus necessary for signal transduction. Moreover, study of mutants involved in ATP binding and hydrolysis revealed a potential unsuspected reguloratory role for the ATP-dependent enzymatic activity of RIG-I.

Second, we studied the necessity of RIG-I oligomerisation for RIG-I activation. Eva Kowalinski, PhD student in Stephen Cusack's team, observed RIG-I dimers *in vitro*, only in presence of synthetic RNA with two 5'triphosphorylated ends. We complete this observation with functional assays showing that synthetic leader RNA incapable to induce RIG-I oligomerization *in vitro*, did activate RIG-I *in cellula*. Moreover, we did not observe RIG-I oligomerization using either co-immunoprecipitation or *Gaussia* Luciferase-Based Protein Complementation Assay, after activation with cognate RNA or viral infection. Altogether our results indicate that the self-oligomerization of RIG-I is either dispensable or very transient for signal transduction.

SOMMAIRE

ABRÉVIATIONS

ARNdb : ARN double brin

ARNm : ARN messager

ARNsb : ARN simple brin

CARD : caspase activation and recruitment domain

CTD : domaine C-terminal

Cl25 : étiquette peptidique (séquence : ARRAAHLPTGTPLDIGG)

DI : génomes viraux défectifs interférents

Flag : étiquette peptidique (séquence : DYKDDDDK)

IFN : Interféron

ISG : gène stimulé par l'interféron (Interferon Stimulated Gene)

LGP2 : laboratory of genetics and physiology 2

MAMP : microde-associated molecular pattern

MAVS : mitochondrial antiviral signaling

MDA5 : melanoma differentiation-associated gene 5

Poly(I:C) : acide polyinosinique:polycytidylique

PRR : Patterns Recognition Receptor

RIG-I : Retinoic acid-Inducible Gene I

    hRIG-I : RIG-I humain

    cRIG-I : RIG-I de canard (ou **dRIG-I** dans l'article 4 en annexe)

TRIM25 : tripartite motif containing 25

VSV : Virus de la Stomatite Vésiculaire

VSV-GFP : Virus de la stomatite vésiculaire portant un gène additionnel codant pour l'eGFP

INTRODUCTION

INTRODUCTION

Préambule

L'introduction de cette thèse est axée autour de trois récepteurs cytoplasmiques du système immunitaire inné : RIG-I, MDA5 et LGP2. Ces trois récepteurs appartiennent à la famille des RLR et ont fait l'objet d'une revue écrite au début de ma thèse : Motifs d'ARN viraux et récepteurs de type RIG-I déclencheurs de l'interféron paru dans Virologie, 2010, Volume 14, Numéro 3. Cette revue est présente en annexe et le lecteur peut s'y référer pour obtenir des informations complémentaires concernant la cascade d'activation induite par les RLR et les mécanismes impliqués dans sa régulation. Ce choix a été fait dans le but d'alléger l'introduction et de détailler principalement l'objet de notre étude : le mécanisme d'activation du récepteur RIG-I.

1. Le système immunitaire inné : détection des virus

Les vertébrés sont sous la menace constante d'infections par des micro-organismes, dont les virus sont des acteurs importants. Ces agents infectieux, dépourvus de métabolisme propre, ont besoin d'une cellule hôte afin de se répliquer. Cependant, une infection virale provoquant souvent des dommages cellulaires et tissulaires conséquents, les vertébrés ont développé une réponse immunitaire pour de se protéger. Le système immunitaire des vertébrés est composé de deux réponses : l'une innée et l'autre adaptative. Le système immunitaire inné est la première ligne de défense active de l'organisme contre les micro-organismes, il prodigue une protection immédiate. Le système immunitaire inné opère à l'aide de différents mécanismes. Une réponse cellulaire via les macrophages, les neutrophiles et les cellules dendritiques, permet la destruction des pathogènes détectés par phagocytose. Une réponse humorale fait intervenir le système du complément et les cytokines. Le système du complément, composé de plus de 30 protéines, provoque la mort du pathogène soit directement, par un choc osmotique dû à la rupture de la membrane, soit indirectement, par opsonisation. Les cytokines sont de petites protéines qui interviennent dans la régulation des fonctions immunitaires. Elles se lient à des récepteurs spécifiques et activent des voies de transduction de signaux. L'interféron (IFN) est une cytokine majeure de la réponse antivirale.

1.1. Les virus : détournement de la machinerie cellulaire

Depuis leur découverte à la fin du 19e siècle, les virus ont fait l'objet d'intenses recherches visant à comprendre les mécanismes impliqués lors d'une infection. Ces recherches ont abouti à une description détaillée, mais encore incomplète, de la structure des virus et des mécanismes de réplication mis en jeu.

1.1.1. Description générale d'un virus

Les virus sont les plus petits organismes capables de se répliquer. De façon basique, ils sont constitués de matériel génétique suffisant pour assurer leur propagation et protégé par une coque protéique. Ce matériel génétique est présent sous forme d'ARN simple brin positif (ARNsb(+), même orientation que les ARN messagers (ARNm)) ou négatif (ARNsb(-), orientation inverse aux ARNm), d'ARN double brin (ARNdb), ou encore d'ADN simple brin ou double brin. Cette diversité de formes génomiques, associée aux modalités de réplication, a permis d'établir un système de classification des virus. Le génome est entouré par une capside formée de sous unités virales identiques appelées capsomères. Par ailleurs, certains virus possèdent une enveloppe lipidique récupérée des membranes cellulaires et parsemées de glycoprotéines virales.

Bien que le cycle de réplication d'un virus diffère en fonction de la classe à laquelle il appartient, des étapes basiques se retrouvent dans tous les cas (Figure 1). La première étape est l'attachement du virus à une cellule cible via la reconnaissance d'un récepteur cellulaire par une protéine virale. Suite à l'attachement, le virus entre dans la cellule grâce, par exemple, à un mécanisme de fusion des membranes (cas des *Mononegavirales*), ou à la formation de pores dans la membrane de la cellule. Le génome viral est alors libéré dans la cellule et dirigé vers son compartiment de réplication, le cytoplasme directement, ou bien le noyau. La production d'ARNm (transcription), de protéines (traduction) et de génomes (réplication) viraux sont les trois synthèses nécessaires à la multiplication du virus. En fonction du type de virus, ces synthèses se déroulent dans un ordre précis et selon des modalités particulières. Dans le cas des *Mononegavirales*, virus à ARNsb(-), la transcription est le premier mécanisme enclenché. Les ARNm sont alors traduits en protéines virales. Lorsque suffisamment de nucléoprotéines virales ont été produites, la réplication remplace la transcription (Gerlier and Lyles, 2011). Les deux dernières étapes du cycle de réplication sont l'assemblage de la particule virale et sa libération qui peut se faire par bourgeonnement (pour les virus enveloppés) ou par lyse de la cellule (pour les virus non enveloppés).

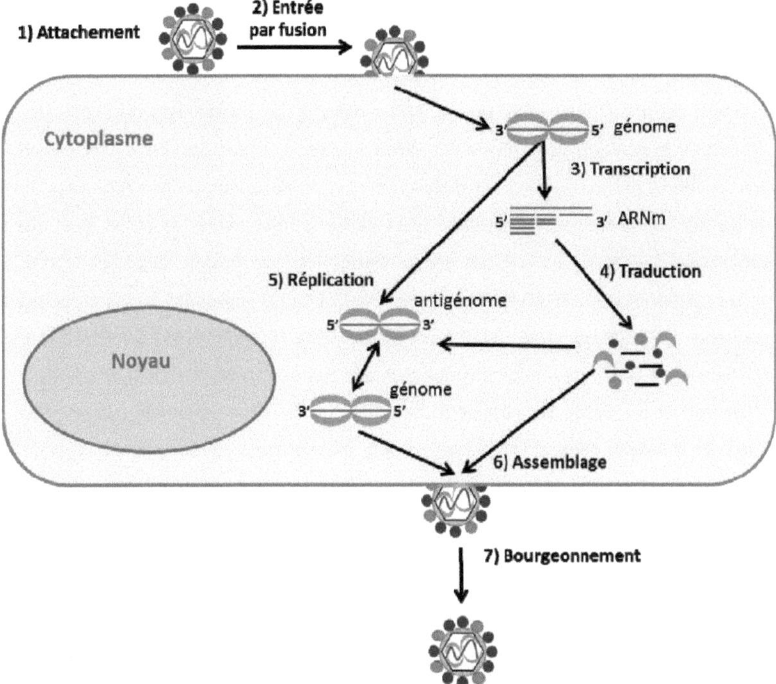

Figure 1 : Schématisation du cycle de l'infection par le virus de la rougeole
Dans une première étape, le virus s'attache à la cellule via les glycoprotéines de surface F et H, et entre dans le cytoplasme grâce au mécanisme de fusion des membranes. Le génome libéré est transcrit en ARNm à partir desquels les protéines virales sont produites. Lorsque suffisamment de protéines virales ont été produites, en particulier suffisamment de N, la réplication débute. L'antigénome est encapsidé parallèlement à sa synthèse. Il sert de matrice pour la synthèse de nouveaux génomes. L'assemblage des particules virales, suivi du bourgeonnement, permet la libération de nouveaux virus.

1.1.2. Interaction virus-hôte

Les virus sont incapables de se répliquer seuls. Ils doivent par conséquent infecter une cellule et en détourner la machinerie afin de se multiplier. Il existe donc une relation intime entre le virus et la cellule. Les différentes étapes du cycle de réplication du virus offrent un florilège d'illustrations de cette interaction virus-hôte. L'entrée du virus dans le cytoplasme nécessite sa liaison à un récepteur de surface d'une cellule cible. Le virus de la rougeole se lie au récepteur CD150 exprimé par les cellules du système immunitaire, tels que les macrophages, les cellules dendritiques ou les lymphocytes B et T. CD150 joue un rôle dans la régulation de la prolifération des lymphocytes, et semble participer à la réponse immunitaire innée mise en place par les macrophages à l'encontre de bactéries Gram négatif (Berger et al., 2010). Ainsi, le virus de la rougeole utilise un récepteur essentiel de son hôte pour l'infecter. Par ailleurs, afin de favoriser leur expression, certains virus contrecarrent la machinerie cellulaire de transcription. Des virus à ADN mobilisent les polymérases de l'hôte afin de synthétiser leurs ARNm au détriment des ARNm cellulaires. De plus, des virus à ARN inhibent la transcription d'ARNm cellulaires afin de favoriser la synthèse de leurs propres ARN. La protéine M du virus de la stomatite vésiculaire (VSV) inhibe la transcription de l'hôte. Bien que le mécanisme d'inhibition ne soit pas encore élucidé, certains travaux suggèrent le rôle du facteur de transcription TF-IID et des protéines Rae1 et Nup98 impliquées dans le processus de transport d'ARN (Rajani et al., 2012; Yuan et al., 1998). La protéine NS1 du virus influenza inhibe quant à elle la maturation de pré-ARNm via l'interaction avec le facteur de clivage CPSF (Nemeroff et al., 1998). La machinerie de traduction est aussi détournée par les virus et certaines stratégies permettent de favoriser la production de protéine virale. La protéase 2A du poliovirus clive les facteurs d'initiation de la traduction eiF-4G et inhibe ainsi la traduction d'ARNm cellulaires coiffés. La machinerie cellulaire peut alors se focaliser sur la traduction des ARNm viraux non coiffés mais possédant un site interne d'entrée du ribosome (IRES) (Castelló et al., 2011).

Les virus sont ainsi capables de manipuler l'environnement cellulaire afin de favoriser leur multiplication. L'altération du métabolisme de l'hôte peut induire des dommages importants, voir la mort de la cellule. L'hôte répond donc à une infection grâce à la réponse immunitaire innée, la première étape de cette réponse étant la détection des virus.

1.2. Motifs viraux déclencheurs de la réponse immunitaire innée

En 1989, Charles Janeway propose que le système immunitaire a évolué pour protéger l'hôte contre des infections par des pathogènes. De ce fait, des récepteurs du système immunitaire inné devaient être capables de détecter des signaux associés aux micro-organismes, appelés actuellement MAMP (*microbes-associated molecular patterns*) (Tang et al., 2012). Les MAMP sont des éléments fonctionnels essentiels des micro-organismes que le système immunitaire peut différencier des éléments fonctionnels de l'hôte. Depuis quelques années, nos connaissances des interactions virus-hôte responsables de l'initiation de la réponse antivirale ont considérablement progressé. En particulier, les acides nucléiques, la capside et les protéines de surface peuvent jouer le rôle de MAMP lors d'une infection par un virus (Figure 2) (Melchjorsen, 2013). Par exemple, les virus de l'ordre des *Mononegavirales*, possédent un génome ARNsb négatif. De nombreux pathogènes humains et animaux, tels que le virus de la rougeole, le VSV, le virus Ebola, le virus de la rage ou encore le virus Nipah, appartiennent à cet ordre. A l'exception de la famille des *Bornaviridae*, le cycle viral est entièrement cytoplasmique. Par conséquent, au cours de la transcription et de la réplication d'un virus, la présence d'ARN portant des motifs particuliers, normalement absents du cytoplasme, est rapidement détectée par des récepteurs dédiés (Gerlier and Lyles, 2011). Ces récepteurs de l'immunité innée capables de déclencher une réponse suite à la reconnaissance d'un MAMP sont appelés des PRR (*pattern recognition receptors*) (Melchjorsen, 2013).

1.3. PRR dédiés à la détection d'infections virales

Une infection virale est détectée grâce à de nombreux récepteurs de l'immunité innée situés à la fois à la surface et dans la cellule. Les principaux senseurs d'infections virales sont les récepteurs de type toll (TLR pour *toll-like receptors*), les récepteurs de type RIG-I (RLR pour *RIG-I like receptors*), les récepteurs de type NOD (NLR pour *NOD-like receptors*) et plusieurs récepteurs cytoplasmiques chargés de la détection d'ADN (Kumar et al., 2011; Melchjorsen, 2013; O'Neill and Bowie, 2010; Ranjan et al., 2009; Takeuchi and Akira, 2010; Unterholzner, 2013; Wilkins and Gale, 2010).

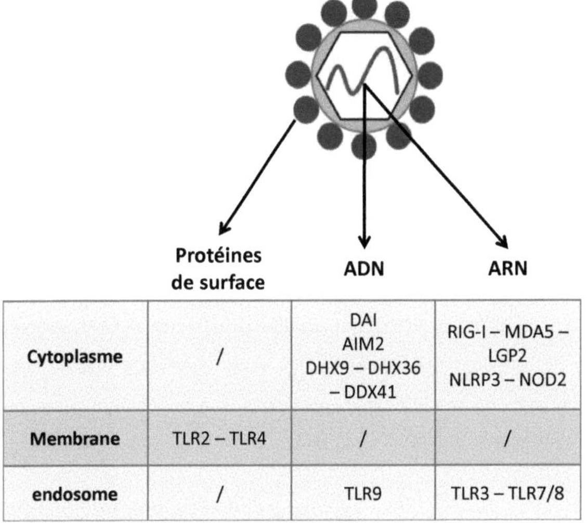

	Protéines de surface	ADN	ARN
Cytoplasme	/	DAI AIM2 DHX9 – DHX36 – DDX41	RIG-I – MDA5 – LGP2 NLRP3 – NOD2
Membrane	TLR2 – TLR4	/	/
endosome	/	TLR9	TLR3 – TLR7/8

Figure 2 : MAMP viraux et PRR assurant leur détection
L'acide nucléique et les protéines de surface sont les principaux éléments viraux reconnus lors d'une infection. Des récepteurs dédiés localisés aux niveaux membranaire et cytoplasmique reconnaissent ces éléments et induisent la réponse immunitaire innée (Melchjorsen, 2013).

La famille des TLR fait partie des récepteurs les plus étudiés. Il s'agit des récepteurs responsables de la reconnaissance des virus à la surface des cellules. Dix TLR ont été identifiés chez l'homme, avec en particulier les TLR2 et TLR4, reconnaissant les protéines virales, et les TLR3 et TLR7/8, qui détectent l'ARN viral, situés respectivement au niveau au de la membrane cellulaire et des endosomes. Le TLR9 est également retrouvés dans les endosomes et reconnaît l'ADN viral (Melchjorsen, 2013; Takeuchi and Akira, 2010). La reconnaissance de MAMP par les TLR conduit à l'activation de la transcription de différents gènes en fonction des TLR et des types cellulaires impliqués. De façon générale, les TLR sont principalement exprimés par les cellules immunitaires telles que les macrophages, les monocytes, les cellules dendritiques, exception faite du TLR3 qui est également exprimé par les cellules épithéliales. Les TLR activés sont à l'origine de la production de cytokines pro-inflammatoires et d'IFN, via leur interaction avec des adaptateurs contenant des domaines TIR tels que MyD88 ou TRIF (*TIR domain-containing adaptor inducing IFN-β*). En particulier, TLR3 recrute TRIF, TLR2, TRL7/8 et TLR9 recrutent MyD88 et TLR4 peut interagir à la fois avec TRIF et MyD88 (Figure 3) (Kumar et al., 2011; Melchjorsen, 2013; O'Neill and Bowie, 2010; Takeuchi and Akira, 2010).

La famille des RLR, qui fera l'objet d'une description plus précise dans les paragraphes suivants, est composée de trois récepteurs : RIG-I, MDA5 et LGP2. Ces récepteurs, exprimés de façon ubiquitaire, sont situés dans le cytoplasme et reconnaissent des ARN viraux. Lorsqu'un ARN viral est détecté, la production d'IFN de type I est induite via le recrutement de l'adaptateur MAVS (Figure 3) (Melchjorsen, 2013; Ranjan et al., 2009; Wilkins and Gale, 2010).

Les NLR sont des récepteurs cytoplasmiques capables de détecter une grande variété de MAMP. Il s'agit d'une famille composée de plus de 20 protéines. Ces récepteurs comprennent trois domaines différents : un domaine C-terminal contenant plusieurs séquences riches en leucine, un domaine central chargé de lier de l'acide nucléique, et un domaine N-terminal variable qui peut être un domaine CARD (*caspase activation and recruitment domain*), PYD (*pyrin domain*), ou BIRs (*baculovirus inhibitor repeats*) (Kumar et al., 2011; Takeuchi and Akira, 2010). En particulier, NLRP3 et NOD2 sont capables de détecter de l'ARN viral et d'induire ainsi la production de cytokines pro-inflammatoires. Alors que NOD2 recrute l'adaptateur RIP2, NLRP3 passe par un complexe protéique appelé inflammasome pour induire une réponse anti-virale (Figure 3) (Kumar et al., 2011; Melchjorsen, 2013; O'Neill and Bowie, 2010; Takeuchi and Akira, 2010).

Outre les TLR, RLR et NLR, il existe également plusieurs récepteurs cytoplasmiques responsables de la détection d'ADN viral comme DAI (également appelé ZBP-1), AIM2 et certains membres de la famille des hélicases DExD/H box (DHX9, DHX36 ou DDX41) (Melchjorsen, 2013; O'Neill and Bowie, 2010). Ainsi, bien que décrite comme non spécifique, la réponse immunitaire innée met néanmoins en jeu un grand nombre de récepteurs capables de reconnaître, de façon relativement précise, un large spectre de pathogènes. Par ailleurs, des mécanismes, parfois complexes, sont mis en jeu pour la régulation de la réponse immunitaire innée via ces récepteurs. Dans le cas des RLR, récepteurs largement étudiés, une part importante du mécanisme d'activation sous-jacent a été élucidée.

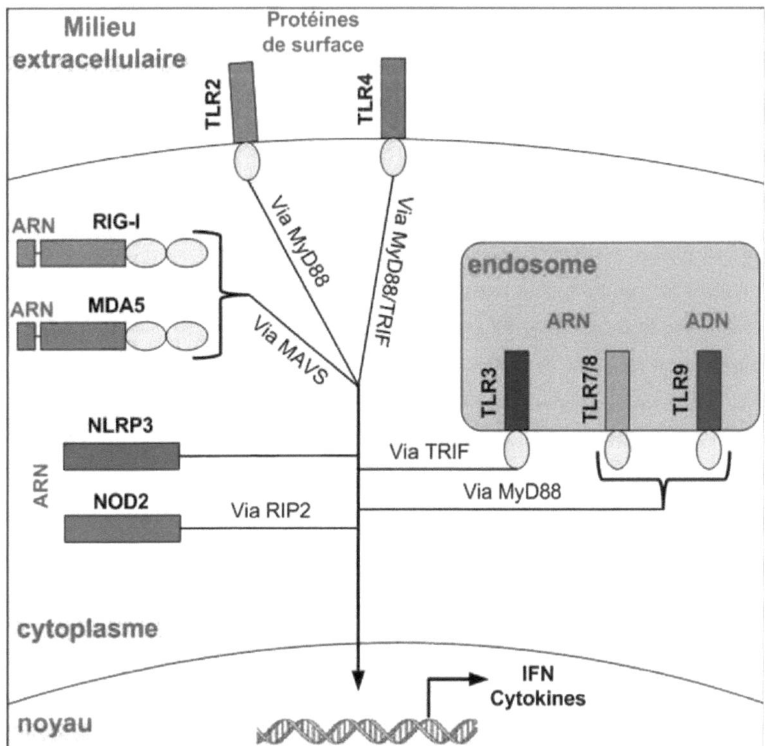

Figure 3 : PRR chargés de la détection des virus
Les PRR sont principalement composés des récepteurs de type Toll (TLR), responsables de la détection des virus dans les endosomes et à la surface des cellules, et des récepteurs cytoplasmiques de type RIG-I (RLR), et NOD (NLR). Ces récepteurs induisent la production de cytokines et d'IFN via différents adaptateurs protéiques, tels que MyD88, TRIF, MAVS ou RIP2.

1.4. La réponse IFN et les virus

L'activation des PRR conduit à la production d'IFN, composants majeurs de la réponse immunitaire innée. Il existe trois groupes d'IFN. Les IFN de type I, comprenant l'IFN-α et l'IFN-β produits respectivement par les leucocytes et les fibroblastes, et les IFN de type III, IFN-λ 1-3, jouent un rôle important dans la réponse antivirale. L'IFN de type II, l'IFN-γ, est produit par les lymphocytes T et sert de régulateur de la réponse immunitaire (Melchjorsen, 2013). Des souris ne répondant ni à l'expression de l'IFN-γ, ni à celle de l'IFN-α/β, sont extrêmement sensibles aux infections virales (van den Broek et al., 1995). Les récepteurs de l'IFN de type I/II sont exprimés dans la plupart des types cellulaires alors que les récepteurs de l'IFN de type III sont principalement exprimés dans les cellules épithéliales et les kératinocytes, sites d'entrée des virus (Gambin et al., 2013; Melchjorsen, 2013).

La liaison des IFN de type I à leurs récepteurs, les récepteurs de l'IFN-α/β (IFNAR), induit la phosphorylation des protéines STAT1 et STAT2 via les tyrosine kinases JAK1 et Tyk2 associées aux récepteurs IFNAR. STAT1 et STAT2 phosphorylés se dimérisent et s'associent à un troisième facteur, IRF9, pour constituer le complexe ternaire ISGF3 (*interferon-stimulated gene factor 3*). Ce complexe est ensuite transloqué dans le noyau où il va se fixer sur des séquences de régulation ISRE (*IFN-stimulated response element*) et activer la transcription de plus d'une centaine de gènes appelés ISG (gènes stimulés par l'IFN) (Figure 4) (Gambin et al., 2013; Melchjorsen, 2013). Les ISG ont un rôle prépondérant dans l'immunité innée antivirale. Ils peuvent soit posséder une activité antivirale intrinsèque, soit participer eux-mêmes à la signalisation IFN (RLR, STAT1). Les protéines Mx, PKR et OAS/RNase L font partie des ISG dont les propriétés antivirales ont été largement étudiées. Les protéines Mx inhibent la multiplication de virus à ARN en favorisant la séquestration et dégradation de composants viraux. La PKR et le complexe OAS/RNase L agissent à la fois sur les composants cellulaires et viraux. La première inhibe la traduction de tous les ARNm via la phosphorylation du facteur d'initiation de la traduction eIF2α (Balachandran and Barber, 2007). Les protéines OAS activent la RNase L via la synthèse d'oligoadénylates liés en 2'-5' à partir d'ATP. La RNase L dégrade alors les ARNsb cellulaires et viraux (Melchjorsen, 2013).

La détection d'une infection virale et le déclenchement de la réponse IFN qui en découle permettent donc de limiter la propagation du virus. Afin d'échapper à cette réponse cellulaire, les virus ont développé des stratégies d'évasion. Une grande diversité de mécanismes est mise en jeu afin de contrecarrer la voie IFN à la fois au niveau de son induction et de ses effecteurs. L'induction de la réponse IFN et son contrôle par les virus sont un autre exemple de la relation intime établie entre un virus et son hôte. La production d'IFN et sa régulation via la voix de signalisation des RLR est décrite en détail dans la suite de l'introduction.

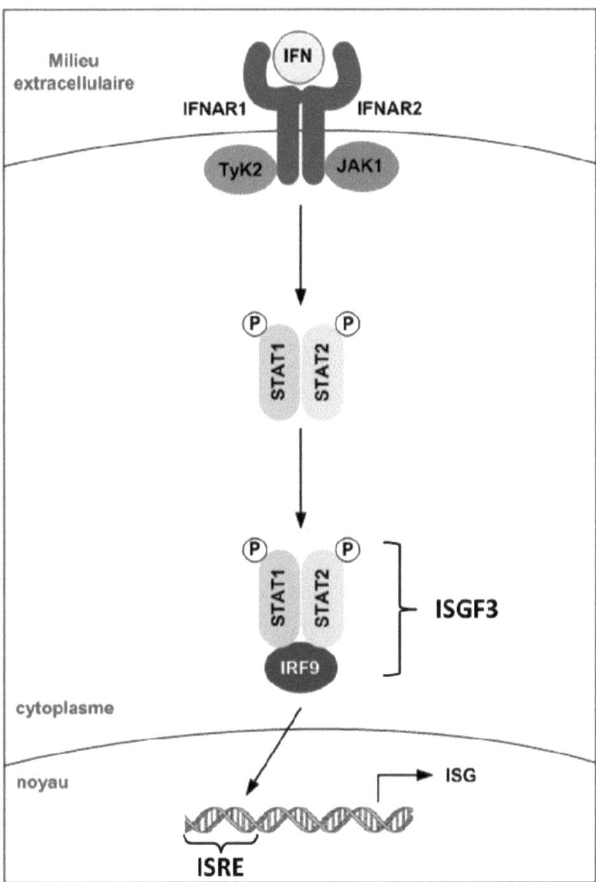

Figure 4 : Voie de signalisation JAK-STAT
L'IFN de type I sécrété est détecté par les récepteurs IFNAR (1 et 2). Les tyrosine kinases TyK2 et JAK1 liées aux récepteurs IFNAR induisent alors la phosphorylation et la dimérisation des protéines STAT1 et STAT2. L'hétérodimère STAT1:STAT2 se lie à IRF9 pour former le complexe ISGF3. ISGF3 est alors transloqué dans le noyau où il se fixe aux séquences ISRE pour activer l'expression d'ISG.

2. Les récepteurs de types RIG-I : les RLR

La famille des RLR est composée de trois DExD/H-box ARN hélicases : RIG-I (ou DDX58), MDA5 (*melanoma differentiation-associated gene 5*) et LGP2 (*laboratory of genetics and physiology 2*) (Onoguchi et al., 2011; Ranjan et al., 2009; Wilkins and Gale, 2010; Yoneyama and Fujita, 2007, 2010). Ces trois protéines appartiennent à la superfamille des hélicases 2 (SF2), récemment renommée duplex RNA activated ATPases (DRAs), et caractérisée par un domaine hélicase comprenant plusieurs séquences conservées (motifs Q, I, Ia-Ic, II, IIa, III-V, Va, VI) (Bamming and Horvath, 2009; Civril et al., 2011; Kowalinski et al., 2011; Luo et al., 2011). Lors de la reconnaissance d'ARN, RIG-I et MDA5 activent la réponse immunitaire innée alors que LGP2 agit comme un modulateur de cette activation (Childs et al., 2012, 2013; Murali et al., 2008; Onoguchi et al., 2011; Yoneyama and Fujita, 2007, 2010).

2.1. Structure des RLR

Les trois RLR sont composés de deux (LGP2) ou trois (RIG-I, MDA5) types de domaines ayant des fonctions complémentaires (Figure 5). MDA5 et RIG-I possèdent à l'extrémité N-terminale deux domaines de recrutement CARD (caspase activation and recruitment domains) dont les séquences en acides aminés sont similaires à 23%. Ces domaines sont essentiels pour l'activation du gène de l'IFN-β (Yoneyama et al., 2005). Des formes tronquées de RIG-I ne possédant qu'un domaine CARD, ou a fortiori aucun, sont incapables d'induire une réponse antivirale. A l'inverse, exprimé isolément, le tandem CARD active constitutivement la production d'IFN (Saito et al., 2007; Yoneyama et al., 2004). Le tandem CARD de MDA5 et RIG-I interagit avec le domaine CARD de la molécule MAVS (mitochondrial antiviral signaling) située à la surface des mitochondries et des peroxysomes, et il est responsable de la transduction du signal (Dixit et al., 2010; Saito et al., 2007; Seth et al., 2005; Wilkins and Gale, 2010; Yoneyama and Fujita, 2009).

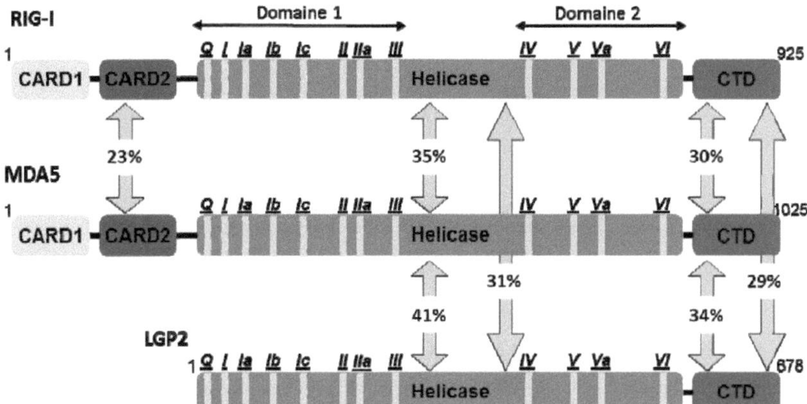

Figure 5 ; Structure schématique des RLR
Les RLR sont caractérisés par un domaine hélicase central (en vert), comprenant plusieurs séquences conservées (en beige), les motifs Q, I, Ia-Ib, II, IIa, III-V, Va et VI, capables de lier l'ARN et possédant une activité ATPase. Deux domaines CARD (caspase activation and recruitment domain) (en jaune et fushia) situés à l'extrémité N-terminale de RIG-I et de MDA5 permettent la transduction du signal par recrutement de la protéine MAVS. L'extrémité C-terminale ou CTD (en rouge) est responsable de la liaison à l'ARN. Les pourcentages de similarité des domaines entre deux RLR sont indiqués par les flèches bidirectionelles (Takahasi et al., 2009).

Le domaine C-terminal (CTD) est commun aux récepteurs RIG-I, MDA5 et LGP2. Ce domaine comporte de nombreux résidus conservés entre les trois récepteurs avec 30% de similarité entre les CTD de MDA5 et de RIG-I, 34% de similarité entre ceux de MDA5 et LGP2, et 29% entre ceux de RIG-I et LGP2 (Li et al., 2009a; Takahasi et al., 2009). Les CTD de ces trois hélicases jouent un rôle essentiel dans la reconnaissance des ARN. En effet, les trois CTD possèdent une forme plus ou moins concave chargée positivement et un site de fixation structuré par quatre résidus cystéine fixant un ion zinc (Figure 6). Bien que les CTD de RIG-I et LGP2 soient les moins similaires, ils ont un domaine de fixation de l'ARN plus marqué que le CTD de MDA5, ce qui pourrait expliquer leur plus forte affinité pour les ARNdb et les ARN possédant une extrémité 5'-triphosphate (5'ppp) comparée à l'affinité du CTD de MDA5 pour ces mêmes ARN (Tableau 1) (Takahasi et al., 2009). L'examen de mutations de certains acides aminés conservés chez RIG-I et LGP2 a validé leur rôle crucial dans la fixation de l'ARN. En effet, chez RIG-I, la mutation de l'un des deux résidus lysine situés dans la région chargée positivement (Lys^{858} et Lys^{888}) en alanine, ou de l'un des quatre résidus cystéine conservés, (Cys810, Cys^{813}, Cys^{864} et Cys^{869}) en arginine diminuent considérablement la capacité de liaison de RIG-I à un ARN transcrit *in vitro* (Cui et al., 2008; Li et al., 2009a). De même, la mutation de la phénylalanine 853 chez RIG-I et 601 chez LGP2, en alanine ou cystéine a également un effet inhibiteur sur la fixation de l'ARN (Takahasi et al., 2009).

CTD	Affinité pour un ARNdb	Affinité pour un ARN 5'ppp
RIG-I	Kd ~340 nM	Kd ~220 nM
MDA5	Kd ~3 µM	/
LGP2	Kd ~ 100 nM	/

Tableau 1 : Affinité des CTD des trois RLR pour les ligands ARN d'après (Li et al., 2009a)

Entre les CARD et le CTD se trouve le domaine DExD/H-box hélicase conservé chez les trois RLR avec 31% de similarité entre RIG-I et LGP2, 35% entre RIG-I et MDA5 et 41% entre MDA5 et LGP2 (Yoneyama et al., 2008). La région hélicase est composée de deux domaines globulaires de type RecA, le domaine 1 comprenant les motifs Q, I (Walker A), Ia-Ic, II (Walker B), IIa et III et le domaine 2 étant composé des motifs IV, V, Va et VI (Bamming and Horvath, 2009; Civril et al., 2011; Kowalinski et al., 2011; Luo et al., 2011). Ces deux domaines sont impliqués dans les fonctions exercées par l'hélicase : la fixation de l'ARN et une activité enzymatique ATP-dépendante. Les motifs Ia et V de RIG-I jouent un rôle important dans la capacité de liaison à l'ARN. En particulier, la mutation des résidus Gln299 et Thr697 entraîne la perte de liaison à l'ARN (Bamming and Horvath, 2009; Plumet et al., 2007). Concernant l'activité enzymatique, le domaine hélicase de RIG-I possède plutôt une activité translocase ATP-dépendante qu'hélicase. Elle est caractérisée par une interaction dynamique et processive le long d'un acide nucléique double brin sans qu'il y ait séparation des deux brins (Myong et al., 2009). Bien que non nécessaire pour la liaison à l'ARN, elle semble indispensable pour l'activation de la réponse innée (Yoneyama et al., 2004, 2005). En effet, la mutation Lys^{270}Ala du site ATPasique inhibe l'activité enzymatique et rend la transduction du signal impossible bien que la capacité de lier l'ARN soit conservée (Plumet et al., 2007; Saito et al., 2007). LGP2 utilise l'hydrolyse de l'ATP d'une façon différente. En particulier, LGP2 présente une activité d'hydrolyse de l'ATP basale et une activité d'hydrolyse de l'ATP induite par la fixation d'un ARN. L'activité d'hydrolyse de l'ATP basale semble permettre à LGP2 d'augmenter à la fois sa capacité à lier l'ARN et la diversité des ARN reconnus. De plus, l'hydrolyse de l'ATP semble importante pour l'activation de MDA5, fonction qui sera détaillée dans le prochain paragraphe (Bruns et al., 2013).

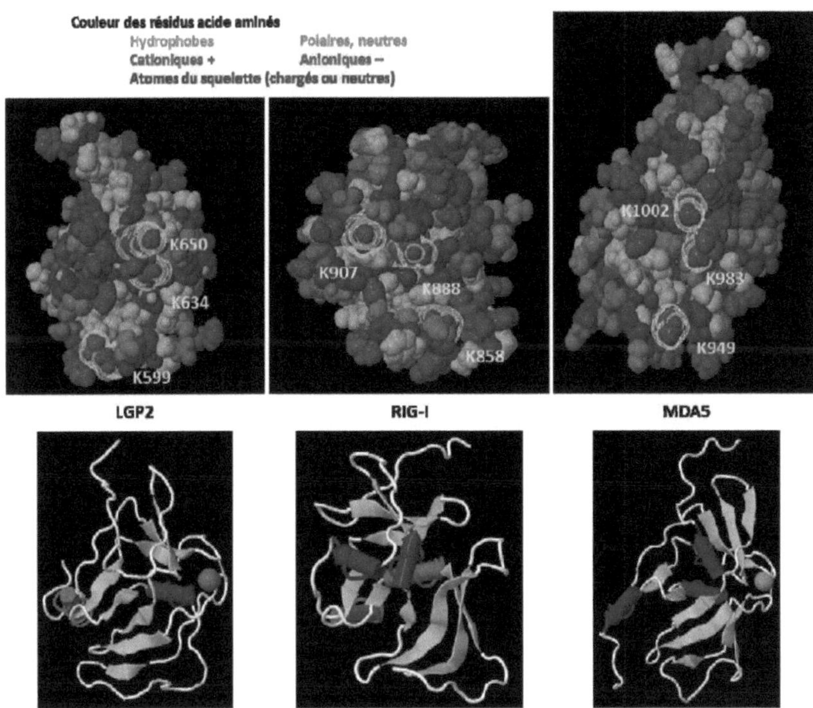

Figure 6 : Structure trimensionnelle des CTD de RIG-I, MDA5 et LGP2
Les CTD de LGP2, RIG-I et MDA5 ont une structure similaire et lient l'ARN via des résidus lysine (position indiquée en jaune) et cystéine conservés. La structure du CTD de MDA5 est néanmoins plus étalée, révélant une surface de contact plus plane que les surfaces concaves des CTD de LGP2 et RIG-I. Les images des structures ont été obtenues à partir du logiciel First Glance in Jmol avec les PDB 2RQA (pour LGP2), 2RMJ (pour RIG-I), et 2RQB (pour MDA5).

2.2. Rôle de chaque RLR

RIG-I, MAD5 et LGP2 appartiennent à la famille des RLR, mais ils n'ont pas le même rôle dans la détection des ARN viraux et l'induction de la réponse IFN. RIG-I et MDA5 sont véritablement des inducteurs de la réponse IFN alors que LGP2 sert de régulateur des deux autres récepteurs.

RLR	Virus reconnus	ARN viraux reconnus ?
RIG-I	**Virus à ARNsb négatif non segmenté** **Paramyxoviridae** : virus Sendai, virus de la rougeole, virus de la maladie de Newcastle, virus respiratoire syncitial, virus Nipah, virus parainfluenza 5 **Filoviridae** : virus Ebola **Rhabdoviridae** : virus de la rage, virus de la stomatite vésiculaire	Génomes viraux déficients et interférants (DI) ARN leader/trailer
	<u>**Virus à ARNsb négatif segmenté**</u> **Orthomyxoviridae** : virus influenza A, virus influenza B **Bunyaviridae** : virus de la Fièvre de la vallée du Rift, virus de La Crosse **Arenaviridae** : virus de Lassa	ARN génomique sous forme d'épingle à cheveux
	<u>**Virus à ARNsb positif**</u> **Flaviviridae** : virus de l'hépatite C, virus de l'encéphalite japonaise, virus de la dengue, virus du Nil occidental **Coronaviridae** : virus de l'hépatite murine	ARNdb intermédiaire de réplication
	<u>**Virus à ARNdb**</u> **Reoviridae** : Orthoreovirus	ARNdb génomique
	<u>**Virus à ADN**</u> Virus de l'Herpès, virus d'Epstein-Barr, Adenovirus	/
MDA5	<u>**Virus à ARNsb négatif non segmenté**</u> **Paramyxoviridae** : virus Sendai	/
	<u>**Virus à ARNsb positif**</u> **Picornaviridae** : virus de l'Encéphalomyocardite, virus de Theiler, Entérovirus, virus de la Rhinite équine A, virus de Saffold 3, Parechovirus humain 1 **Calciviridae** : Norovirus **Flaviviridae** : virus de l'hépatite C, virus de l'encéphalite japonaise, virus de la dengue, virus du Nil occidental **Coronaviridae** : virus de l'hépatite murine	ARNdb intermédiaire de réplication
	<u>**Virus à ARNdb**</u> **Reoviridae** : Orthoreovirus	ARNdb génomique
	<u>**Virus à ADN**</u> Virus de l'Herpès, Adenovirus	/
LGP2	<u>**Virus à ARNsb positif**</u> **Flaviviridae** : virus de l'hépatite C	/

Tableau 2 : Virus détectés par les RLR et ARN candidats comme agonistes

Malgré leurs similarités de séquence et de structure, RIG-I et MDA5 reconnaissent des ARN distincts. Ainsi, RIG-I reconnaît préférentiellement des ARNdb courts (inférieurs à ~2 kb) et possédant une extrémité 5'ppp, alors que MDA5 est activé par des ARNdb longs (supérieurs à ~2 kb) et de l'ARNdb synthétique non naturel, le poly(I:C) (Kato et al., 2006, 2008). Par ailleurs,

RIG-I et MDA5 sont inégalement responsables de la réponse IFN induite par différents virus. A l'origine, seule l'implication de RIG-I dans la reconnaissance des virus à ARN négatif a été identifiée. Des fibroblastes embryonnaires de souris, n'exprimant pas RIG-I, n'induisent pas de production d'IFN en réponse à des infections par le virus de la stomatite vésiculaire (un Rhabdoviridae), les virus de la maladie de Newcastle et Sendai (des Paramyxoviridae) et le virus influenza A (un Orthomyxoviridae). Au contraire, l'absence d'expression de MDA5 n'a eu aucun effet sur la réponse à ces infections (Kato et al., 2006). Cependant, d'après une étude plus récente, des souris n'exprimant pas MDA5 présentent une augmentation de la morbidité et de la mortalité à la suite d'une infection par le virus Sendai. Par ailleurs, bien que le taux de cytokines mesuré soit comparable en début d'infection, l'expression d'ARNm de l'IFN de types I, II et III est largement plus faible chez les souris n'exprimant pas MDA5, à partir du 5e jour post-infection (Gitlin et al., 2010). Ainsi, MDA5 joue aussi un rôle dans la détection des Paramyxoviridae. Certains Flaviridae (ARNsb positif) comme le virus de la dengue, et Reoviridae (ARNdb) activent également à la fois RIG-I et MDA5 (Loo et al., 2008; Schlee, 2013). De plus, des virus à ADN activent RIG-I et MDA5 via des intermédiaires ARN, comme le virus de l'Herpès (Melchjorsen et al., 2010; da Silva and Jones, 2013). Enfin, MDA5 est le seul RLR responsable de la réponse IFN face à l'infection par des virus de type Picornaviridae (ARN positif), comme le virus de l'encéphalomyocardite ou le virus de Theiler, et de type Caliciviridae (ARN positif) comme le Norovirus murin (Tableau 2) (McCartney et al., 2008; Saito et al., 2007; Schlee, 2013).

MDA5 semble principalement cibler des virus connus pour produire des quantités considérables d'ARNdb durant leur cycle de réplication. La faible caractérisation structurale des ARN agonistes de MDA5 participe au manque d'informations sur la nature de l'ARN viral reconnu. En effet, le ligand le mieux caractérisé de MDA5 à ce jour est le poly(I:C), un ARN synthétique formé par hybridation d'un long fragment d'inosines avec un long fragment de cytidines. C'est en utilisant des fragments de poly(I:C) de différentes tailles que Kato et al. ont montré que MDA5 est activé par de longs fragments d'ARN (Kato et al., 2008). D'après deux groupes différents, MDA5 est stimulé par des formes réplicatives intermédiaires double brin du génome à ARNsb positif des entérovirus (Feng et al., 2012; Triantafilou et al., 2012). Un autre motif caractérisant les ligands de MDA5 est proposé. Des tests de liaison d'ARN extraits de cellules infectées, par le virus de l'encéphalomyocardite ou le virus de la vaccine, avec MDA5 font ressortir l'importance de structures secondaires d'ARN hautement ordonnées pour l'activation de ce récepteur (Pichlmair et al., 2009). Par ailleurs, un fragment d'ARNm du virus parainfluenza 5 (virus à ARN simple brin négatif) est capable d'activer l'expression d'IFN via MDA5. Cependant, cette activation nécessite la présence de la RNase L. Selon les auteurs, la

RNase L peut participer à la modification de l'ARN afin que celui-ci adopte une structure reconnue par MDA5 (Luthra et al., 2011). MDA5 est également capable de reconnaître un ARN avec une coiffe particulière. D'après une étude réalisée avec le coronavirus humain, l'inactivation la 2'-O-méthyltransférase virale induit fortement une réponse IFN dépendante de MDA5 (Züst et al., 2011). MDA5 peut ainsi différencier les ARN cellulaires des ARN viraux via la présence ou l'absence d'une 2'-O-méthylation au niveau de la coiffe. Par ailleurs, une observation par microscopie électronique a montré que l'association de MDA5 à son ARN ligand se fait sous la forme d'un long filament (Peisley et al., 2011; Wu et al., 2013). Plus précisément, plusieurs molécules MDA5 s'assemblent de façon coopérative le long de l'ARN, avec une orientation tête-bêche. Cette conformation permet l'oligomérisation des domaines CARD de plusieurs molécules MDA5, et probablement le recrutement de MAVS (Wu et al., 2013). L'activité ATPasique de MDA5 intervient dans la dynamique de ces structures, car l'hydrolyse de l'ATP permet la dissociation des filaments (Peisley et al., 2011). L'oligomérisation de MDA5 pourrait favoriser l'agrégation de la protéine MAVS, et ainsi l'induction d'IFN.

Le rôle du troisième RLR, LGP2, est plus délicat à définir. Tout d'abord, comme les deux récepteurs précédents LGP2 est capable de reconnaître un certain type d'ARN. LGP2 se lie préférentiellement aux ARNdb. De plus, la présence d'une extrémité 5'ppp favorise sa liaison à l'ARN, mais ce motif n'est pas essentiel (Li et al., 2009b; Murali et al., 2008; Pippig et al., 2009; Takahasi et al., 2009). LGP2 est capable de détecter le génome du virus de l'hépatite C (Saito et al., 2007) (Tableau 2). Ce troisième récepteur ne possède pas les domaines CARD nécessaires à l'interaction avec MAVS, et intervient comme régulateur de RIG-I et MDA5. D'après les premières études réalisées, la surexpression de LGP2 inhibe l'induction d'IFN en réponse à des infections par le virus Sendai, le virus responsable de la maladie de Newcastle ou encore après stimulation des cellules avec du poly(I:C) (Komuro and Horvath, 2006; Rothenfusser et al., 2005; Yoneyama et al., 2005). Réciproquement, l'inhibition de l'expression du gène codant pour LGP2 augmente l'activation du promoteur de l'IFN en réponse à une infection par le virus responsable de la maladie de Newcastle. Cette fonction régulatrice de LGP2 a été confirmée avec un modèle de souris ayant le gène LGP2 inactivé. L'absence de LGP2 dans les cellules de ces souris favorise l'induction de l'IFN suite à une stimulation avec du poly(I:C) (Venkataraman et al., 2007). Plusieurs mécanismes ont été proposés pour expliquer cette inhibition par LGP2. Tout d'abord, en tant que RLR pouvant lier des ARN mais dépourvu de domaine CARD, LGP2 pourrait entrer en compétition avec RIG-I et/ou MDA5 pour la reconnaissance de leurs ligands (Rothenfusser et al., 2005; Yoneyama and Fujita, 2009; Yoneyama et al., 2005). Par ailleurs, LGP2 semble capable de s'associer à RIG-I et d'inhiber son homodimérisation, a priori, nécessaire à la transduction du signal (Yoneyama and Fujita, 2009). Néanmoins, dans un autre modèle de souris transgéniques ayant le gène LGP2 inactivé, un rôle d'activateur vis-à-vis de RIG-I et de MDA5 est observé (Satoh et al., 2010). Par ailleurs, la présence de LGP2 à faible dose participe à l'activation de MDA5 alors qu'une forte dose de LGP2 inhibe l'activation de MDA5 (Bruns et al., 2013). L'activation de MDA5 par LGP2 a également été remarquée par Venkataraman et al. Des souris LGP2 -/- résistent à une infection par une dose létale de VSV, virus reconnu par RIG-I, alors que ces mêmes souris produisent une faible quantité d'IFN en réponse à une infection par le virus de l'Encéphalomyocardite reconnu par MDA5 (Venkataraman et al., 2007). D'après ces différentes études, LGP2 servirait de régulateur négatif de RIG-I et de régulateur ambivalent vis-à-vis de l'activation de MDA5. Les mécanismes moléculaires sous-jacents sont cependant encore inconnus.

2.3. Activation de la réponse IFN via les RLR

La voie mitochondriale d'activation de la réponse IFN via les RLR débute par le recrutement de la protéine MAVS, appelée aussi IPS-1 (*interferon-β promotor stimulator 1*), VISA (*virus-induced signaling adptator*) et Cardif (*CARD adapter inducing IFN-β*) (Kawai et al., 2005; Meylan et al., 2005; Xu et al., 2005). En effet, la production d'IFN est négligeable dans des cellules dépourvues de cette protéine en réponse à une stimulation de MDA5 ou de RIG-I et, inversement, est activée après surexpression de MAVS (Ranjan et al., 2009; Yoneyama and Fujita, 2009). MAVS est composée d'un domaine CARD à l'extrémité N-terminale et d'une région riche en proline (*PRR : proline-rich region*) au centre de la protéine. Cette protéine contient également un domaine transmembranaire à l'extrémité C-terminale. Elle est localisée à la surface externe des mitochondries et des peroxysomes (Dixit et al., 2010; Yoneyama and Fujita, 2009). Une fois activés, RIG-I et MDA5, se lient à MAVS via une interaction CARD-CARD directe ou via l'intermédiaire d'une polyubiquitine qui induit alors l'activation de MAVS. En effet, une infection virale induit la formation de larges agrégats de MAVS capables d'activer la réponse IFN. Par ailleurs, des protéines recombinantes de MAVS forment des fibrilles agissant comme des prions et capables de convertir des protéines MAVS endogènes en agrégats actifs (Hou et al., 2011; Moresco et al., 2011). L'activation de MAVS permet le recrutement de plusieurs facteurs dont des membres de la famille TRAF (*tumor necrosis factor (TNF) receptor-associated factor*) (Baril et al., 2009; Sasaki et al., 2013). Les TRAF transmettent ensuite le signal aux protéines kinases IKK (*inhibitor of NF-κB (IκB) kinase*) qui jouent un rôle essentiel dans l'activation des transactivateurs du gène de l'IFN-β : IRF-3/7 et NF-κB. Deux des IKK, TBK1

(TRAF *family member-associated NF-κB activator (TANK)-binding kinase 1*) et IKK-ε, activent la phosphorylation des transactivateurs IRF-3 et IRF-7 et la formation d'homodimères IRF-3/3 ou IRF7/7 et/ou d'hétérodimères IRF3/7 qui migrent dans le noyau pour constituer l'enhanceosome du gène de l'IFN-β (Johnsen et al., 2009; Ranjan et al., 2009; Vitour et al., 2009; Yoneyama and Fujita, 2009). Le recrutement de TBK1 et IRF-3 au niveau de MAVS est assuré par la protéine MITA (appelée également STING, ERIS ou MPYS) (Ishikawa and Barber, 2008; Sun et al., 2009b; Zhong et al., 2008), alors que celui d'IKKε s'effectue directement par interaction avec le domaine CARD ubiquitiné de MAVS (Paz et al., 2009). L'autre groupe des IKK, composé d'IKK-α, IKK-β et NEMO (*NF-κB essential modulator*, aussi appelé IKK-γ), gouverne la phosphorylation d'IκB et déclenche ainsi sa dégradation. NF-κB ainsi libéré est alors transloqué dans le noyau (Ranjan et al., 2009; Yoneyama and Fujita, 2009).

D'autres protéines interviennent également dans le complexe mis en place au niveau de MAVS : les caspases-8/10, TRADD (*TNF receptor 1-associated death domain*), TANK, FADD (*Fas-associated death domain*), RIP1 (*receptor interacting protein 1*), NAP1 (*NAK-associated protein 1*), WDR5 (*WD repeat protein*), … (Wang et al., 2010b; Yoneyama and Fujita, 2009). La figure 5 présente la cascade d'activation de l'IFN via les RLR et le rôle des différentes protéines citées précédemment.

2.4. Régulation des RLR

3.4.1. <u>Régulation cellulaire de MDA5 et RIG-I</u>

Le système IFN est indispensable à la résistance d'un hôte vis-à-vis d'une infection virale : il doit se mettre en marche rapidement lors d'une infection virale, ne pas s'emballer et revenir à son niveau basal en fin d'infection. A cet effet, plusieurs mécanismes de régulation cellulaire existent et s'appliquent à différents niveaux de la cascade d'activation liée au RLR (Figure 7).

Le premier niveau de contrôle est la boucle de rétrocontrôle positive due à la production d'IFN. En réponse à l'IFN, la production des trois RLR est fortement accrue, augmentant ainsi la sensibilité de détection de l'infection virale (Yoneyama et al., 2004).

Un deuxième mécanisme de contrôle positif fait intervenir l'activation très précoce de la protéine MAVS localisée au niveau de la membrane externe des peroxysomes. Cette forme de MAVS est responsable de l'expression de certains gènes ayant une activité antivirale et/ou inflammatoire et est un puissant amplificateur de la voie d'induction de l'IFN via la protéine MAVS mitochondrial (Dixit et al., 2010).

Un troisième niveau de régulation est directement lié à un RLR, LGP2. En effet, comme présenté précédemment, LGP2 agit à la fois comme régulateur positif de MDA5, quand il est présent en faible quantité, et en tant qu'inhibiteur de RIG-I et MDA5 (Rothenfusser et al., 2005; Satoh et al., 2010; Venkataraman et al., 2007; Yoneyama and Fujita, 2009; Yoneyama et al., 2005). De plus, LGP2 semble interagir directement avec MAVS et bloquer le recrutement de IKK-ε, empêchant ainsi l'induction du signal (Komuro and Horvath, 2006).

Un quatrième niveau de régulation est la modulation des modifications post-traductionnelles des RLR. Le désassemblage des $(UbLys^{63})_n$ non ancrées et la désubiquitination de RIG-I par la déubiquitinase CYLD (cylindromatosis) entraîne la diminution de l'activation de la réponse IFN (Zeng et al., 2010; Zhang et al., 2008). RNF125 (ring finger 125) ajoute des ubiquitines de type Lys^{48} sur le domaine N-terminal de RIG-I sur d'autres lysines que la Lys^{172} pour induire la dégradation de RIG-I par le protéasome. RNF125 polyubiquitine aussi MDA5 et MAVS (Arimoto et al., 2007). CYLD et RNF125 agissent donc comme des régulateurs négatifs de l'activation de la réponse IFN. Au contraire, les phosphatases PP1α et PP1γ sont essentielles pour l'activation de la réponse IFN par RIG-I et MDA5. PP1α et PP1γ interagissent avec RIG-I et MDA5 et induisent la déphosphorylation des domaines CARD, modification indispensable pour l'induction du signal (Wies et al., 2013).

Une cinquième régulation cible les domaines CARD. Le complexe Atg12:Atg5 peut s'associer aux CARD de RIG-I/MDA5 et de MAVS pour donner un complexe inactif (Komuro et al., 2008; Yoneyama and Fujita, 2009). De plus La dihydroxyacétone kinase (DAK) interagit spécifiquement avec MDA5 et inhibe la production d'IFN (Diao et al., 2007; Komuro et al., 2008; Yoneyama and Fujita, 2009).

Une sixième régulation se situe au niveau la mitochondrie. Il s'agit du niveau de régulation cellulaire le plus documenté actuellement. L'interaction de NLRX1 (*Nod like receptor X1*) avec MAVS empêche le recrutement de RIG-I et MDA5 activés (Ranjan et al., 2009; Yoneyama and Fujita, 2009). La phosphatase EYA4 (eyes absent homolog 4) se complexe à MAVS, NLRX1 et MITA et amplifie le signal grâce à son activité N-terminale thréonine-phosphatase (Okabe et al., 2009). La dynamique de la mitochondrie a également un effet sur l'activation de MAVS. La mitofusine 1 (MFN1), qui régule à la fois la fission et la fusion mitochondriale agit comme un régulateur positif de MAVS en permettant son accumulation (Eisenächer and Krug, 2012). Au contraire, la mitofusin 2, un médiateur de la fusion mitochondriale, est un régulateur négatif interagissant via une répétition en heptade avec la partie C-terminale de MAVS (Castanier et al., 2010; Yasukawa et al., 2009). La protéine PLK1 (*Polo-like kinase 1*) interagit avec MAVS et la liaison du PDB (*Polo-box domain*) de PLK1 à la région C-terminale de MAVS empêche le recrutement de TRAF3 et par conséquent inhibe l'induction d'IFN par cette voie (Vitour et al., 2009). NLRC5, un NOD-like récepteur, et gC1qR (receptor for the globular head domain of complement C1q) inhibent l'interaction de RIG-I et MDA5 avec MAVS et agissent ainsi comme régulateurs négatifs (Cui et al., 2010; Eisenächer and Krug, 2012). PCBP2 (poly(rC) binding protein 2) exerce aussi une régulation négative sur MAVS. PCBP2 interagit avec MAVS et permet à l'E3 ligase AIP4 d'ubiquitiner la protéine MAVS qui est alors dégradée par le protéasome (Eisenächer and Krug, 2012). Outre son implication dans la transmission du signal, le recrutement d'IKKε semble également réguler négativement l'activité de MAVS (Paz et al., 2009).

Un septième niveau de régulation intervient plus en aval dans la cascade de signalisation. DUBA (*De-ubiquitinating enzyme A*) induit la désubiquitination de TRAF3, diminuant ainsi l'activation de la réponse IFN (Komuro et al., 2008; Yoneyama and Fujita, 2009). TRAF3 est également régulé par l'E3 ubiquitine ligase TRIAD3A qui induit la dégradation de TRAF3 via l'ajout d'ubiquitines et l'adressage au protéasome (Eisenächer and Krug, 2012). FLN29 peut se lier à TRAF6 et interférer dans la cascade de réactions mises en jeu par RIG-I et MDA5 (Sanada et al., 2008). Après induction par une infection virale, la protéine A20, possédant la double activité E3 ubiquitine-ligase et de-ubiquitinase, exerce une activité régulatrice négative en aval de RIG-I (Lin et al., 2006; Wang et al., 2004). SIKE (*suppressor of IKKε*) peut séquestrer TBK1 et IKKε en formant un complexe inactif et inhiber ainsi la production d'IFN via la voie de signalisation impliquant IRF3 (Komuro et al., 2008; Yoneyama and Fujita, 2009). Finalement, la peptidyl-propyl isomérase Pin1 est capable d'interagir avec la forme activée d'IRF-3 et d'induire sa polyubiquitination et sa dégradation via le protéasome (Eisenächer and Krug, 2012; Komuro et al., 2008).

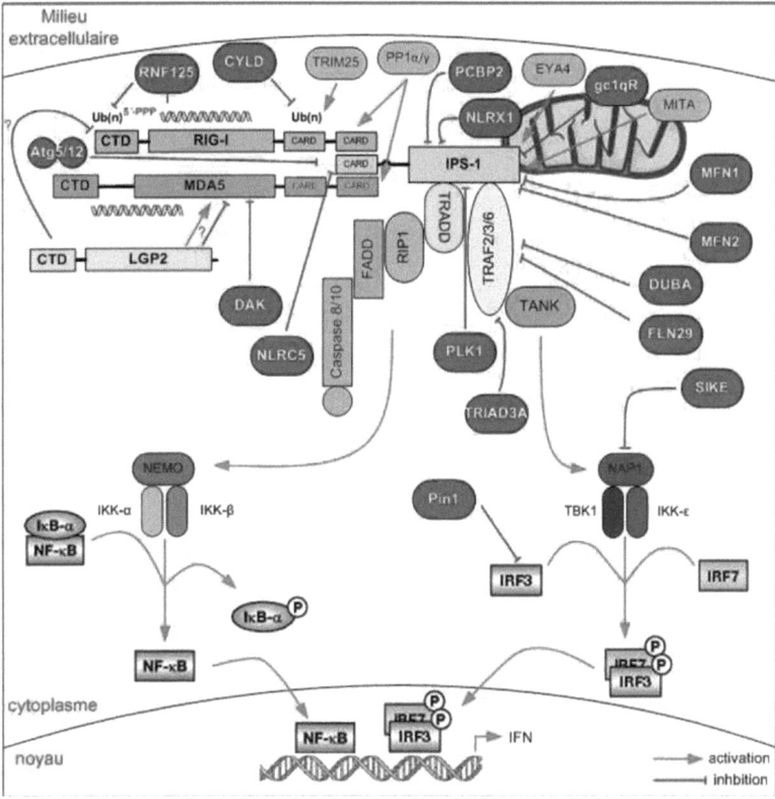

Figure 7 : Activation de la réponse IFN sous les RLR et régulation cellulaire
Après détection d'un ligand ARN, RIG-I et MDA5 activés se lient à MAVS via leurs domaines CARD. MAVS recrute alors une batterie de protéines (TRAF, TRADD, FADD,...) pour activer les facteurs de transcription NF-κB, IRF-3 et IRF-7. Ceux-ci induisent ensuite l'expression du gène de l'IFN-β. Cette cascade réactionnelle est régulée à différents niveaux par des protéines cellulaires. Les protéines représentées par un ovale vert sont des régulateurs positifs, alors que celles représentées par un ovale rouge sont des inhibiteurs de la cascade de signalisation.

3.4.2. Régulation négative par les virus

Au cours de leur co-évolution avec leur hôte, les virus ont sélectionné leurs propres inhibiteurs de la voie de signalisation des RLR. Schématiquement on peut distinguer quatre stratégies (Figure 8). La première consiste à supprimer ou occulter les motifs agonistes 5'ppp et ARNdb. La suppression du motif 5'ppp peut être réalisée de manière variable : addition d'une coiffe par vol de coiffe (virus influenza et Bunyaviridae) ou par activité guanyltransférase et O-méthyl transférase (*Mononegavirales*), couplage de la protéine Vpg en 5' du génome (picornavirus), ou encore clivage de la guanine-5'ppp non appariée grâce à l'activité endonucléase de la polymérase virale laissant une extrémité 5'p (virus Hantaan, de la fièvre hémorragique de Crimée-Congo, et Borna) (Garcin et al., 1995; Gerlier and Lyles, 2011; Gerlier and Valentin, 2009; Habjan et al., 2008). De plus, chez les *Mononegavirales* l'occultation de l'extrémité 5'ppp est réalisée à la source, par l'encapsidation régulière et continue des génomes et antigénomes dans une nucléocapside où l'ARN est inaccessible à l'action de nucléase et d'ARN interférant (Gerlier and Lyles, 2011; Whelan et al., 2004). Par ailleurs, cette stratégie prévient l'émergence du motif ARNdb en empêchant, d'une part, le repliement de l'ARNsb génomique en structure secondaire de type ARNdb et, d'autre part, toute hybridation entre les ARN génomiques (brin négatif) avec les ARN antigénomiques ou les messagers (brins positifs complémentaires). Ainsi, l'utilisation d'un anticorps ne permet pas de détecter d'ARNdb d'une longueur supérieure à 40 paires de bases dans des cellules infectées (Weber et al., 2006).

Dans la seconde stratégie, une protéine virale se lie à un RLR et inhibe sa fonction. La protéine V des paramyxovirus interagit directement avec le domaine hélicase de MDA5 et LGP2. V inhibe l'activité ATPasique de ces protéines et les rend par conséquent inactives (Childs et al., 2009; Parisien et al., 2009).

Les protéines impliquées dans la cascade de signalisation induite par les RLR sont la troisième cible de choix. Par exemple MAVS est clivée par la protéase NS3/4A du virus de l'hépatite C (Meurs and Breiman, 2007). Plus en aval, les facteurs de transcription spécifiquement requis pour l'activation du gène de l'IFN-β, IRF-3 et IRF-7 sont la cible des protéines ML de l'orthomyxoviridae Toghoto, NS1 du virus respiratoire syncytial, NSP1 du rotavirus, VP35 du virus Ebola et V du virus Sendai. Les protéines ML et NS1 préviennent la dimérisation d'IRF3 (Jennings et al., 2005; Ren et al., 2011). La protéine NSP1 entraîne la dégradation d'IRF-3 par le protéasome alors que VP35 induit la SUMOylation d'IRF-3 et IRF-7 inhibant ainsi la production d'IFN (Chang et al., 2009; Sen et al., 2009). La protéine V du virus Sendai semble inhiber la translocation d'IRF3 dans le noyau (Irie et al., 2012).

Enfin, le gène de l'IFN est une des cibles des blocages transcriptionnels cellulaires à large spectre. La protéine NSs du virus de la vallée du rift bloque le facteur de transcription généraliste TFIIH, et interagit également avec la protéine cellulaire SAP30 recrutée par le facteur de transcription YY1 qui régule l'expression du gène de l'IFN-β (Le May et al., 2004, 2008). La matrice M du VSV perturbe l'ARN polymérase II et le transport nucléocytoplasmique des ARNm cellulaires (Rieder and Conzelmann, 2009). Le VSV est d'ailleurs remarquable par l'efficacité de cette inhibition non ciblée et par l'absence de toute autre activité régulatrice négative connue ciblant directement les voies de signalisation de l'activation du gène de l'IFN et sous-jacentes à son récepteur, d'où l'extrême sensibilité de ce virus à l'interféron.

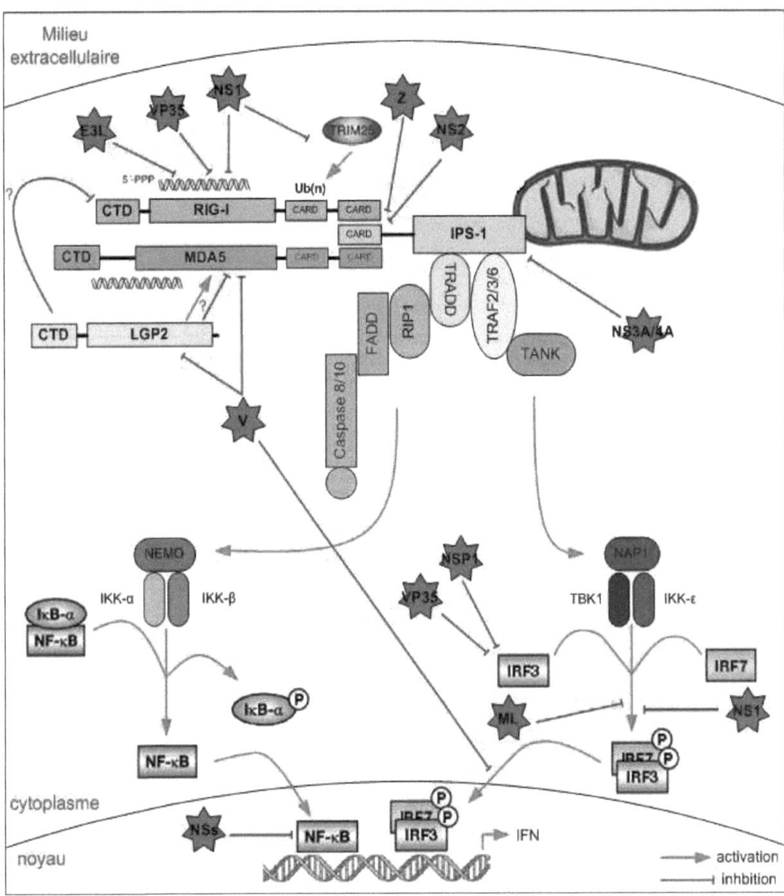

Figure 8 : Régulation virale de la réponse IFN induite par les RLR
Les virus utilisent un large spectre de protéines régulatrices afin d'inhiber l'induction d'IFN via les RLR. Ces protéines régulatrices ont des effets différents et agissent à plusieurs niveaux de la cascade de signalisation. Certaines inhibent directement les RLR, d'autres agissent au niveau de l'adaptateur MAVS, et d'autres interfèrent avec des protéines recrutées en aval de MAVS. Les protéines virales inhibitrices de la cascade d'activation de l'IFN via RIG-I/MDA5 sont représentées par des étoiles rouges.

3. Le récepteur cytoplasmique RIG-I

3.1. Structure de RIG-I

Comme indiqué précédemment, la protéine RIG-I humaine, longue de 925 acides aminés, est composée de trois types de domaines : les domaines CARD (acides aminés 1 à 92 et 101 à 186), le domaine central hélicase (acides aminés 239 à 793) et le domaine C-terminal (acides aminés 804 à 925) (Figure 9). Les structures tridimensionnelles de la protéine RIG-I entière et de formes tronquées comportant les domaines CARD-hélicase, hélicase, et hélicase-CTD, complexées ou non avec de l'ARNdb, ont été simultanément résolues à l'automne 2011 par quatre équipes travaillant sur la protéine RIG-I de canard (cRIG-I), de l'humain ou de la souris (Civril et al., 2011; Jiang et al., 2011; Kowalinski et al., 2011; Luo et al., 2011). Les domaines CARD1 et CARD2 comprennent respectivement 7 et 6 hélices α. Ils sont reliés de manière assez rigide et forment une seule unité fonctionnelle responsable de la transmission du signal (Saito et al., 2007). Le domaine hélicase central comporte trois sous-domaines structuraux, deux domaines de type hélicase RecA (Hel1 et Hel2), chacun composé d'un feuillet β et de plusieurs hélices α, et un troisième domaine atypique, constitué de 5 hélices α, inséré au tout début de Hel2 et appelé Hel2i (*helicase 2 insertion domain*). En absence de ligand, l'hélicase est ouverte et très flexible avec le domaine Hel2 peu ordonné. Entre Hel2 et le CTD, un domaine hélicoïdal, composé de 2 longues hélices α coudées à 65°-80° en forme de V, pince ensemble les domaines Hel2 et Hel1 (Civril et al., 2011; Jiang et al., 2011; Kowalinski et al., 2011; Luo et al., 2011). La première hélice α remonte vers Hel1 qui est pris en sandwich par la seconde hélice α. Cette pince moléculaire établit ainsi une connexion mécanique entre Hel1, Hel2, et le CTD, et son intégrité est nécessaire à la transmission du signal (Luo et al., 2011). De plus, dans les cristaux de la protéine RIG-I de canard entière obtenus par Kowalinski et al., le CTD n'a pas pu être repéré. Ceci peut s'expliquer par une liaison relativement flexible entre Hel2 et le CTD, ce qui permet au CTD de rester mobile à l'extérieur de la protéine (Kowalinski et al., 2011).

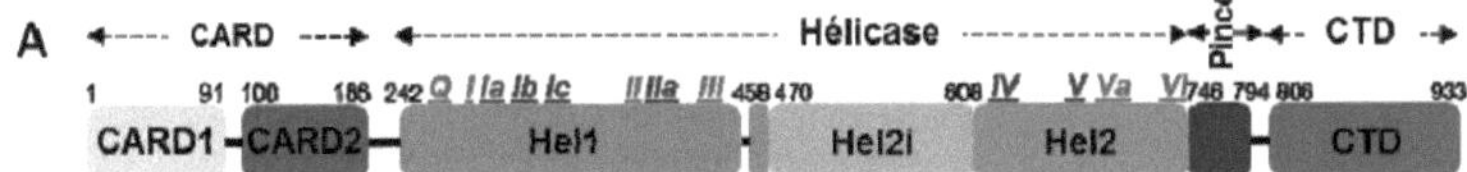

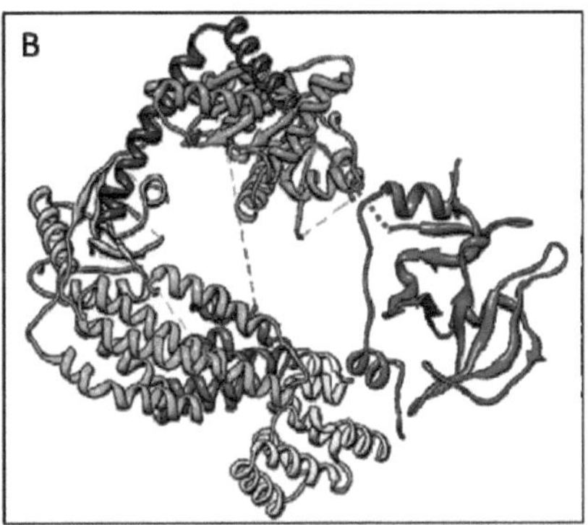

Figure 9 : Structure de RIG-I de canard

(A) RIG-I est composé de 2 domaines CARD (CARD1 en jaune et CARD2 en fuchsia), d'un domaine hélicase central qui comprend 3 sous-domaines (Hel1 en vert, Hel2 en orange et Hel2i, inséré au début de Hel2, en bleu clair) et d'un domaine C-terminal (CTD en rouge). Un domaine «pince» (en bleu foncé) permet de lier le sous domaine Hel2 au CTD. Le domaine hélicase comprend de nombreux motifs conservés intervenant dans la liaison de l'ATP (en rouge), de l'ARN (en bleu) ou des deux (en violet).

(B) Les domaines CARD, liés à l'hélicase au niveau du sous-domaine Hel1, interagissent avec le sous-domaine Hel2i via des interactions CARD2-Hel2i. Le domaine «pince», constitué de deux hélices α enveloppant le sous-domaine Hel1, établit une connexion mécanique entre Hel1, Hel2, et le CTD. Ce dernier domaine possède cependant une position assez flexible par rapport au reste de la protéine dans l'état auto-réprimée. Les structures présentées sont issues de la banque de données des protéines (PDB) et référencées comme suit : 4A2Q pour les CARD et l'hélicase et 4A2V pour le CTD (Kowalinski et al., 2011).

3.2. Mécanisme d'activation de RIG-I

Des études fonctionnelles visant à élucider le rôle des différents domaines de RIG-I et son mécanisme d'activation ont rapidement indiqué un mécanisme de changement de conformation pour l'activation de RIG-I (Myong et al., 2009; Yoneyama and Fujita, 2009). En effet, le tandem CARD de RIG-I dissocié du reste de la molécule est un activateur constitutif de la production IFN alors qu'en absence d'ARN agoniste la protéine entière est inactive (Saito et al., 2007; Yoneyama et al., 2004). L'élucidation du mécanisme d'activation de RIG-I a été révélée avec la structure de cette protéine. La comparaison de la structure de RIG-I avec des domaines CARD mais sans ligand et la structure de RIG-I complexée à une molécule d'ARNdb et à un analogue non hydrolysable de l'ATP révèle un changement de conformation majeur (Kowalinski et al., 2011). En l'absence de stimulus ARN, RIG-I est présent dans le cytoplasme sous forme auto-réprimée. Une large surface des domaines CARD est masquée par l'interaction entre CARD2 et Hel2i, ce qui prévient le recrutement de leurs partenaires protéiques requis pour la signalisation. Aucun signal ne peut donc être transmis. Ce masquage des CARD est prouvé *a contrario* par le phénotype constitutivement actif de RIG-I après rupture de la liaison entre Hel2i et CARD2 (substitution de la phénylalanine 539 en alanine ou en aspartate). Par contre, dans cette forme auto-réprimée de RIG-I, le CTD est lié de façon flexible à l'hélicase, sans interaction forte avec le reste de la protéine. Il est donc capable de détecter et lier un ARNdb 5'ppp avec une forte affinité (Kd ~220 nM). La reconnaissance de ces motifs par le CTD conduit à une proximité d'ARNdb favorable à la compétition avec le domaine CARD2 pour la liaison à l'hélicase en présence d'ATP. Cette double liaison provoque un changement de conformation au cours duquel les domaines Hel1 et Hel2 se replient l'un sur l'autre selon un mouvement torsadé avec un repositionnement du CTD et une libération des domaines CARD. Plus précisément, les domaines Hel1 et Hel2 pivotent par rotation croisée convergente de plusieurs dizaines de degrés l'un vers l'autre avec structuration complémentaire de Hel2. Ceci conduit à la formation simultanée de deux sites « matures » pour la liaison coopérative de l'ARNdb, d'une part, et de l'ATP, d'autre part. Dans sa face concave, les motifs Ia, Ib et Ic de Hel1 se lient à l'extrémité 3' du brin 3' et le motif IIa interagit avec le brin 5' de l'ARN. Dans sa face convexe, les motifs Q, I, Ia, II (Walker B), Va et VI lient l'ATP. En outre, Hel2i interagit aussi avec les brins 5' et 3' de l'ARN via, en particulier, une liaison hydrogène entre la glutamine 511 et le brin 3', dont la rupture par mutation affaiblit l'activité de RIG-I (Luo et al., 2011). Les domaines Hel1, Hel2, Hel2i et CTD enferment ainsi l'ARNdb dans un canal presque circulaire dont la stabilité est assurée par la liaison de l'ATP qui vient bloquer par l'extérieur l'orientation relative des structures secondaires d'Hel2 (Luo et al., 2011). L'activité ATPase du site assure la réversibilité de la liaison hélicase-ARNdb. Le démasquage des CARD conduit ensuite au recrutement de la cascade de signalisation gouvernant la sécrétion d'IFN et de cytokines (Belgnaoui et al., 2011; Loo and Gale, 2011).

Afin d'assurer le recrutement de MAVS, le mécanisme d'activation de RIG-I fait intervenir plusieurs acteurs agissant en cascade. Les domaines CARD de RIG-I deviennent accessibles pour la déphosphorylation de RIG-I au niveau du résidu Thr[170] (Dixit and Kagan, 2013). Cette déphosphorylation serait l'œuvre des phosphatases PP1α et/ou PP1γ qui sont essentielles pour l'induction de l'IFN via MDA5 et RIG-I (Wies et al., 2013). La forme déphosphorylée de Thr[170] est un pré-requis pour le recrutement de l'ubiquitine ligase E3 TRIM25 (tripartite motif containing 25) au niveau de la Thr[55] du CARD1 de RIG-I, via le domaine SPRY (Gack et al., 2007; Zeng et al., 2010). TRIM25 transfère alors de courtes chaînes non ancrées de poly-ubiquitines branchées sur la lysine 63 de type $(UbLys^{63})_n$, avec n proche ou égal à 4, au niveau des résidus Thr[55] et Lys[172] des deux domaines CARD (Dixit and Kagan, 2013; Gack et al., 2007; Zeng et al.,

2010). En accord avec ces observations, des cellules n'exprimant pas TRIM25 sont incapables de produire de l'IFN après une infection par le virus Sendai (Gack et al., 2007). L'ajout d'ubiquitines sur le tandem CARD de RIG-I et/ou la production à proximité des polyubiquitines 63 branchées libres pourraient participer à l'agrégation de la protéine MAVS, et ainsi à l'induction d'IFN (Jiang et al., 2012).

Un troisième partenaire intervient à la suite de l'interaction entre RIG-I et TRIM25 : la protéine chaperonne 14-3-3ε (Liu et al., 2012). Après infection par le virus Sendai, des tests d'immunoprécipitation ont montré la formation du complexe RIG-I:TRIM25:14-3-3ε. La formation de ce complexe nécessite la liaison de RIG-I à un ligand ARN, car les complexes ne sont pas observés avec le mutant RIG-I Lys$^{888/907}$Arg dont la capacité du CTD à lier l'ARN est fortement diminuée. L'association de 14-3-3ε à RIG-I:TRIM25 favorise l'ubiquitination de RIG-I et permet sa translocation du cytoplasme vers les membranes hébergeant MAVS (Liu et al., 2012).

Une dernière caractéristique du mécanisme d'activation de RIG-I serait son oligomérisation. Dès 2007/2008, deux études ont proposé l'oligomérisation de RIG-I comme une étape requise pour transduire le signal. Lors de la première étude, des protéines RIG-I possédant une étiquette myc ont été co-immunoprécipitées avec des protéines RIG-I possédant une étiquette Flag, après infection des cellules par le virus Sendai (Saito et al., 2007). Cette observation a été confortée l'année suivante par une analyse de filtration sur gel montrant la formation de dimères de RIG-I après une incubation *in vitro* avec l'ARN leader synthétique du virus de la rage (Cui et al., 2008). Plus récemment, d'autres équipes ont observé l'oligomérisation de ce récepteur, à la fois *in vitro* avec des analyses de filtration sur gel et *in cellula* après électrophorèse en gel non dénaturant (gel natif) (Beckham et al., 2013; Jiang et al., 2012; Weber et al., 2013). En particulier, d'après Beckham et al. la formation de dimères de RIG-I dépend de la longueur du ligand ARN. RIG-I s'associe à des ARN courts, 10 – 14 ou 19 paires de bases (pb), sous forme de monomère alors que sa liaison à un ARN de 39pb se fait sous forme de dimères (Beckham et al., 2013). En réalité, l'oligomérisation de RIG-I ne semble pas être une interaction protéine:protéine mais plus une accumulation de protéines sur un ARN. En effet, la formation d'oligomères nécessite un ARNdb assez long, possédant une extrémité 5'ppp et l'hydrolyse d'ATP par RIG-I (Patel et al., 2013). Le modèle d'oligomérisation de RIG-I proposé actuellement est le suivant. Une molécule RIG-I est capable de lier un ARN ligand via son extrémité 5'ppp et d'avancer le long de l'ARN par la translocation induite avec l'hydrolyse de l'ATP. L'extrémité 5'ppp de l'ARN alors libre, une autre molécule RIG-I peut s'associer à l'ARN, et ainsi de suite jusqu'à former un oligomère. La formation d'oligomères pourrait favoriser l'activation de MAVS (Patel et al., 2013). Le recrutement de MAVS par RIG-I nécessite donc à la fois des modifications de ce récepteur et le recrutement de protéines partenaires selon un mode opératoire encore sujet à caution (Figure 10).

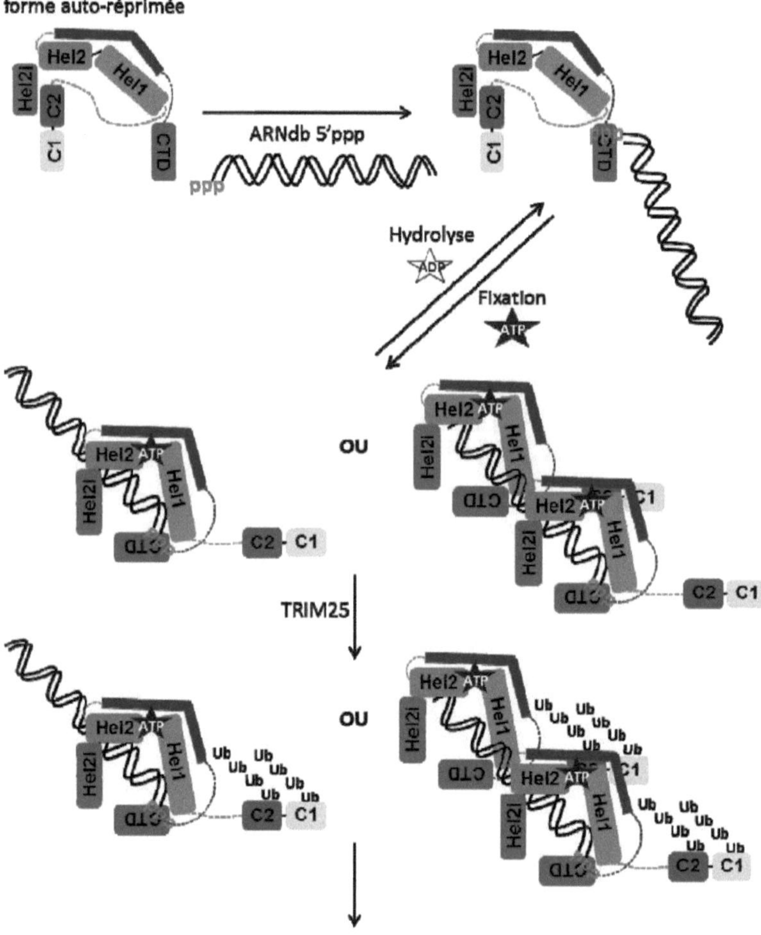

Figure 10 : Modèle d'activation de RIG-I
RIG-I est présent dans le cytoplasme sous une forme auto-réprimée, les domaines CARD étant masqués par l'interaction entre les domaines Hel2i et CARD2. Lors d'une infection, le CTD, lié de façon flexible à l'hélicase, détecte l'extrémité 5'ppp d'un ARNdb viral et lui permet de se rapprocher de la protéine. L'ARNdb entre alors en compétition favorable avec le domaine CARD2 pour la liaison à l'hélicase. La double fixation d'ARN et d'ATP provoque un changement de conformation aboutissant au dévoilement des domaines CARD. En fonction de la longueur de l'ARNdb, l'unité de transduction du signal peut être composée d'une seule ou bien de plusieurs molécules RIG-I. Les CARD libérés interagissent ensuite avec TRIM25 qui assure la poly-ubiquitination de ces domaines et permet le recrutement de MAVS et par conséquent, la transmission du signal (Kohlway et al., 2013; Kowalinski et al., 2011; Patel et al., 2013).

3.3. ARN reconnu par RIG-I

RIG-I détecte préférentiellement des ARN courts, dont la longueur est comprise entre 0,3 kb et 1 kb (Kato et al., 2008). Deux motifs sont cruciaux pour l'activation de RIG-I, une structure double brin (ARNdb) et une extrémité 5'ppp identifiée dès 2006 (Hornung et al., 2006; Pichlmair et al., 2006; Plumet et al., 2007).

Des ARN synthétisés *in vitro* possédant une extrémité 5'ppp sont capables d'activer la réponse IFN via RIG-I dans des monocytes (Hornung et al., 2006). De la même façon, des ARN extraits de virions Influenza activent la production d'IFN via RIG-I, et le traitement de ces ARN avec une phosphatase inhibe complètement leur effet activateur (Pichlmair et al., 2006). Sur la base d'ARN transcrits *in vitro* par la polymérase T7 ADN dépendante, un ARNsb semblait être le second motif requis. Cependant deux articles ont rappelé l'activité parasite ARN-dépendante de la polymérase T7, remettant en question le caractère simple brin des transcrits T7 synthétisés *in vitro*. Et en effet, grâce à des ARN synthétisés chimiquement, il est maintenant prouvé que l'ARNdb est le second requis pour activer RIG-I (Schlee et al., 2009; Schmidt et al., 2009). La transcription d'ARN *in vitro*, dans des conditions ne permettant pas la synthèse d'ARN complémentaire, ne permet pas la formation d'ARN activateurs de RIG-I (Schlee et al., 2009). De la même façon, la transcription *in vitro* d'un ARN composé de seulement 3 nucléotides, G, C et U, et donc empêchant la synthèse de l'ARN complémentaire, produit un ARN incapable d'activer RIG-I (Marq et al., 2010, 2011). Une extrémité 5'ppp couplée à un ARNdb sont donc deux pré-requis pour l'activation de RIG-I. Cependant RIG-I est également capable de détecter de longs ARNdb monophosphates d'une longueur supérieure ou égale à 100 pb (Binder et al., 2011; Kato et al., 2008). Dans ce cas, la liaison de RIG-I à de long ARNdb monophosphates interviendrait directement au niveau de son domaine hélicase.

La structure exacte du ligand de RIG-I a fait l'objet de plusieurs travaux dont la concordance peut apparaître médiocre. *In vitro*, l'activité ATPasique de RIG-I purifiée nécessite le seul motif ARNdb d'une longueur supérieure à 5 nucléotides (Schmidt et al., 2009). Par ailleurs, l'extrémité 5' doit être franche. Le décalage du brin complémentaire d'un nucléotide, formant ainsi une extrémité 5' sortante, diminue fortement l'activité ATPasique (Marq et al., 2011). Un mésappariement des nucléotides situés aux positions 7 et 9, en partant de l'extrémité 5', n'affecte pas l'activité ATPasique (Marq et al., 2011). Par contre, *in cellula*, l'activation d'IFN nécessite une extrémité 5'ppp. Cette extrémité doit être à bouts francs même si une extrémité sortante de 1 ou 2 nucléotides au maximum n'abolit pas totalement la capacité activatrice de l'ARN (Marq et al., 2010; Schlee et al., 2009; Schmidt et al., 2009). L'extrémité 5'ppp doit être adjacente à une région d'ARN double brin d'une longueur minimale de 9 nucléotides (Schmidt et al., 2009). Des mésappariements sont également tolérés : le mésappariement de deux nucléotides au niveau des septième et neuvième paires de bases en partant de l'extrémité 5'ppp, ou le mésappariement symétrique de trois nucléotides au-delà de la huitième paire de base, interfèrent de façon négligeable avec la production d'IFN par rapport au même ARNdb de 20-24 nucléotides de longueur sans aucun mésappariement (Marq et al., 2011; Schlee et al., 2009). Ainsi, l'ARN, de 24pb, optimal pour l'activation de RIG-I, à la fois au niveau de l'activité ATPasique et de l'induction de la réponse IFN, est un ARNdb possédant une extrémité 5'ppp franche.

La nécessité de ces deux motifs permet à RIG-I de discriminer les ARN étrangers (issus de pathogènes) des ARN de l'hôte présents dans le cytosol. En effet, les ARN cytosoliques sont soit coiffés, soit monophosphates ou soit protégés par des partenaires protéines comme l'ARN 7SL un composant du complexe SRP (*signal recognition protein*) qui acquiert son manchon protéique au niveau du nucléole (Weichenrieder et al., 2000; Wild et al., 2001).

3.4. Détection des infections virales par RIG-I

RIG-I est le récepteur prédominant de la réponse IFN contre les infections par des virus à génome à ARNsb négatif (Tableau 2). Cependant, des ARNdb d'une longueur supérieure à 40 paires de bases sont difficilement détectés par un anticorps dans le cytoplasme suite à une infection par un virus à génome à ARNsb négatif (Weber et al., 2006). Dans le cas d'une infection par un virus à ARNsb négatif segmenté, en particulier le virus La Crosse (Bunyaviridae) ou le virus influenza (Orthomyxoviridae), une corrélation a été établie entre l'activation de RIG-I et la structure 5'ppp du génome viral. En effet, d'après une étude utilisant des ARN polymérases mutées du virus Influenza, produisant de façon sélective des ARNm ou des ARN génomiques, l'activation de RIG-I intervient lors de la production d'ARN génomiques. Par ailleurs, des ARN génomiques 5'ppp ont également été immunoprécipités avec RIG-I suite à une infection par le virus Influenza (Rehwinkel et al., 2010). De même, d'après des travaux réalisés avec des agents bloquant soit la transcription soit la réplication, RIG-I reconnaîtrait la nucléocapside contenant l'ARN viral 5'ppp sous forme d'épingle à cheveux au moment de l'entrée du virus La Crosse dans la cellule (Weber et al., 2013). Dans le cas d'une infection par un *Mononegavirales*, virus à ARNsb négatif non segmenté, la source de l'ARN viral reconnu par RIG-I fait l'objet de nombreuses discussions.

3.4.1. Cycle de réplication des *Mononegavirales*

Les *Mononegavirales* sont des virus enveloppés possédant un génome à ARNsb négatif non segmenté, codant donc pour plusieurs gènes viraux, et complètement encapsidé par la nucléoprotéine N. Lorsque qu'une particule virale infecte une cellule, la ribonucléoprotéine (formé de l'ARN génomique et de N) est libérée dans le cytoplasme, compartiment de la cellule où la totalité du cycle viral se déroule. La transcription est la première étape du cycle. La polymérase virale produit des ARNm coiffés et polyadénylés à partir de tous les gènes viraux. Les ARNm sont alors traduits et lorsque suffisamment de protéines N ont été synthétisées, la polymérase passe du mode transcriptase en mode réplicase. La réplication permet la synthèse d'ARNsb anti-génomiques positifs complémentaires à l'ARNsb génomique. Ces ARN anti-génomiques servent ensuite de matrice pour la production d'ARN génomiques. Les ARN génomiques et anti-génomiques possèdent une extrémité 5'ppp, et sont encapsidés par la nucléoprotéine N simultanément à leur synthèse (Gerlier and Lyles, 2011).

Outre les ARNm, génomiques et anti-génomiques, deux petits transcripts non codants peuvent être produits : l'ARN leader et l'ARN trailer. L'ARN leader est transcrit à partir de l'extrémité 3' du génome qui contient les promoteurs de transcription et de réplication génomique. L'ARN trailer est lui synthétisé à partir de l'extrémité 3' de l'anti-génome qui contient le promoteur anti-génomique. Les ARN leader et trailer formés ne sont ni coiffés, ni polyadénylés, ni encapsidés (Gerlier and Lyles, 2011).

Ainsi au cours d'une infection par un *Mononegavirales*, les ARN génomiques et anti-génomiques, les ARNm et les petits ARN leader et trailer peuvent se retrouver dans le cytoplasme. Cependant, les génomes et antigénomes ne sont jamais retrouvés libres, mais totalement encapsidés dans un homopolymère hélicoïdal de nucléoprotéine, interdisant de ce fait la formation d'ARNdb entre des ARN (anti)génomiques que ce soit en cis ou en trans. Les structures connues de trois nucléocapsides de *Mononegavirales* sont d'ailleurs incompatibles avec l'existence d'une extrémité 5'ppp libre sur une longueur excédant le motif ppp lui-même (Albertini et al., 2006; Green et al., 2006; Tawar et al., 2009; Whelan et al., 2004). Les ARNm sont coiffés et n'arborent donc pas d'extrémité 5'ppp libre. A l'inverse, les ARN leader et trailer possèdent une extrémité 5'ppp libre, mais ne présentent pas le second motif requis pour l'activation de RIG-I, une région double brin.

3.4.2. Potentiels agonistes de RIG-I lors d'une infection par un *Mononegavirales*

Dans le cas des virus Sendai et VSV, la formation de génomes viraux défectifs interférents (DI) au cours de la réplication est observée (Kolakofsky, 1976; Perrault and Leavitt, 1978). Deux types de DI sont identifiables : des DI de délétion, génomes simplement raccourcis par délétion interne, et des DI de rétrocopie (« copyback ») avec duplication du promoteur 3' de l'antigénome en 3' du génome prodiguant une totale complémentarité entre les extrémités 5' et 3' du DI (Schlee and Hartmann, 2010). Le génome de DI de rétrocopie représente un ligand optimal de RIG-I (Kohlway et al., 2013). En concordance avec cette observation, une liaison préférentielle des DI à RIG-I est détectée après analyse par séquençage profond des ARN viraux liés à ce récepteur lors d'une infection par le virus de Sendai (Baum et al., 2010). De plus, après extraction et purification à partir de particules virales, des génomes (de facto mélangés à des antigénomes complémentaires) de virus à génome à ARNsb négatif sont capables d'activer RIG-I (Habjan et al., 2008). Bien qu'indéniables, ces faits expérimentaux ne sont pas totalement convaincants. En effet, comme précisé précédemment, les génomes et antigénomes des *Mononegavirales* ne sont jamais retrouvés libres dans le cytoplasme.

Des approches fonctionnelles plaident plutôt en faveur de transcrits viraux comme agonistes de RIG-I. En effet, lors d'une infection par le virus de la rougeole, la production d'ARNm d'IFN-β est parallèle à la production de transcrits viraux et précède donc la formation de génomes/antigénomes (Plumet et al., 2007). De plus, le virus parainfluenza 5 (PIV5), codant pour une protéine P mutée incapable de lier ou d'être phosphorylée, provoque à la fois une augmentation de la transcription virale et une production accrue d'IFN et de cytokines (Sun et al., 2009a). Cependant, aucun échec d'ajout de coiffe aux ARNm viraux n'a été identifié jusqu'à présent. Les seuls transcrits possédant une extrémité 5'ppp accessibles sont donc les ARN leader et trailer. Par ailleurs, par sédimentation différentielle de l'ARN libre et de complexes ribonucléoprotéiques en gradient de CsCl, et en l'absence d'expression de la protéine La, l'ARN leader 5'ppp du virus respiratoire syncitial (RSV), a été trouvé complexé à RIG-I (Bitko et al., 2008).

La formation d'ARN viral double brin reste toujours une question (Figure 11). Il est possible d'envisager que les ARN leader et trailer adoptent une structure secondaire formant une région double brin proche de l'extrémité 5'ppp. Mais aucune évidence de telles structures n'a encore été montrée. L'apparition du motif double brin pourrait alors être due à des erreurs du virus. Des DI de rétrocopie non encapsidés seraient des agonistes idéaux de RIG-I. Par ailleurs, des transcrits composés de plusieurs gènes et non polyadénylés ont déjà été observés lors d'une infection par le virus Sendai (Cattaneo et al., 1987; Gupta and Kingsbury, 1985). Ainsi, un transcrit L-trailer (+) hybridé à un ARN trailer 5'ppp (-) pourrait également être la source de l'activation de RIG-I (Gerlier and Lyles, 2011).

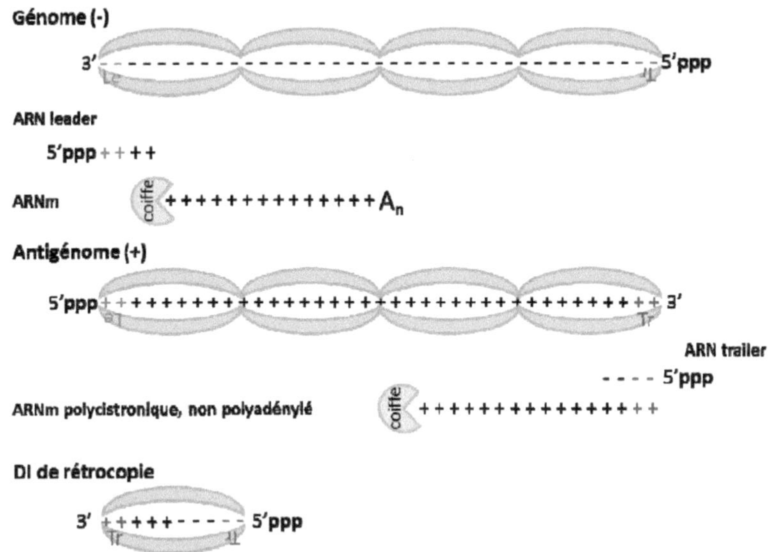

Figure 11 : ARN viraux produits par un Mononegavirales
Lors d'une infection par un *Mononegavirales*, différents ARN viraux sont produits. Des ARNm coiffés et polyadénylés et l'ARN leader sont transcrits à partir du génome. L'antigénome sert de matrice pour la synthèse d'un seul transcrit, l'ARN trailer. Les ARN leader et trailer sont 5'ppp mais simple brin. Les génomes, antigénomes et DI sont encapsidés donc ne peuvent pas former d'ARNdb. Un ARNm–Tr (+) non polyadénylé, hybridé à l'ARN trailer (-) arborerait une extrémité 5'ppp adjacente à une région double brin.

3.4.3. Reconnaissance des virus à ADN

RIG-I reconnaît certains virus à ADN de façon indirecte. En effet, un ADN riche en bases A et T est transcrit de manière ectopique par une forme cytosolique d'ARN polymérase III cellulaire en un ligand ARN reconnu par RIG-I car dépourvu de coiffe (Ablasser et al., 2009). Les transcrits EBER de l'herpès-virus Epstein Barr activent ainsi RIG-I. Cependant, le mécanisme par lequel le génome ADN viral, réputé nucléaire et ne transitant dans le cytosol que compacté dans une capside close, rencontre l'ARN polymérase III dans le cytosol est indéterminé.

3.5. Régulation du récepteur RIG-I

3.5.1. Régulation cellulaire de RIG-I

En plus des mécanismes régulant les RLR de façon globale, RIG-I est aussi régulé spécifiquement. Tout d'abord, outre son état basal auto-réprimé par interaction intra-moléculaire entre les domaines CARD2 et Hel2i, RIG-I est maintenu sous forme inactive par au moins trois mécanismes : (i) la phosphorylation de la Ser^8 du domaine CARD1 des protéines RIG-I de primates sert de régulateur négatif de l'activation de la réponse IFN (Nistal-Villán et al., 2010), (ii) la kinase caséine II phosphoryle la Thr^{770} et les $Ser^{854/855}$ lorsque la cellule se trouve dans un état de repos (Sun et al., 2011), (iii) la protéine ARL16, protéine de type ARF, interagit avec le domaine C-terminal de RIG-I et perturbe sa liaison à l'ARN (Yang et al., 2011).

Un mécanisme de rétrocontrôle négatif fait intervenir RIG-I SV, un variant naturel de RIG-I exprimé uniquement dans des cellules dans lesquelles la réponse IFN a été stimulée. RIG-I SV est tronqué en N terminal avec perte des résidus 36-80 dans le premier domaine CARD. L'absence du résidu Thr^{55} le rend incapable de recruter TRIM25 et d'activer la réponse IFN. Il agit donc comme régulateur négatif de RIG-I (Gack et al., 2008). De plus, suite à la boucle de rétrocontrôle positive due à la production d'IFN, des variants alléliques naturels de RIG-I d'activité variable sont exprimés. Un RIG-I constitutivement actif grâce à un décalage de lecture au-delà du second CARD (Pro^{299}), et un RIG-I dominant négatif par mutation $S^{183}I$ ont été identifiés (Pothlichet et al., 2009; Shigemoto et al., 2009). La fréquence non négligeable de ces mutants dans la population humaine pourrait refléter une adaptation vis-à-vis de certaines infections virales et/ou de leur implication dans la résistance au diabète de type I (Shigemoto et al., 2009).

Par ailleurs, d'après différents travaux, l'interaction entre RIG-I et MAVS n'est possible qu'après ubiquitination de RIG-I de type Lys^{63} par l'E3 ligase TRIM25 ou l'E3-ligase RNF125 (appelée encore REUL ou RIPLET) de distribution tissulaire complémentaire (Gack et al., 2007; Oshiumi et al., 2009; Zeng et al., 2010). TRIM25 se lie à RIG-I grâce à une interaction impliquant le résidu Thr^{55} du premier CARD et il couple de l'ubiquitine sur le résidu Lys^{172}. Cette ubiquitination requiert la déphosphorylation préalable du résidu contigu Thr^{170} (Dixit and Kagan, 2013). RNF125 a de nombreux points communs avec TRIM25 et cible les Lys^{154} et Lys^{164} en sus de la Lys^{172} (Gao et al., 2009). L'ubiquitination de la Lys^{172} est requise pour le recrutement de MAVS et l'activation de la réponse IFN (Dixit and Kagan, 2013; Gack et al., 2007; Gao et al., 2009). TRIM25, et peut-être RIPLET, sont la source des chaînes $(UbLys^{63})_n$ non ancrées qui se lient aux CARD de RIG-I au niveau de Thr^{55} et Lys^{172} et permettent le recrutement de MAVS. La coordination de ces évènements d'ubiquitination des domaines CARD de RIG-I, et la production de chaînes (UbLys^{63})$_n$ non ancrées, n'est pas encore élucidée.

Toujours au niveau de l'activation de RIG-I, l'hélicase DEAD box DDX3 colocalise avec MAVS et joue un rôle essentiel pour la reconnaissance des ARN viraux pendant la phase précoce de l'infection. En effet, en absence d'infection, une grande quantité de protéines DDX3 est présente dans le cytoplasme alors que le niveau basal de RIG-I est faible. Ainsi, lorsqu'un virus infecte une cellule, l'ARN viral semble être reconnu dans un premier temps par DDX3 qui interagit alors avec MAVS pour activer la voie de signalisation d'IFN. Il a été montré, lors de la phase précoce d'une infection, que les complexes d'activation de MAVS comprennent DDX3 et une faible quantité de RIG-I. Une fois que le niveau de RIG-I a été augmenté par la boucle de rétrocontrôle positive lié à l'IFN, ce récepteur intervient directement dans la détection des ARN viraux. La composition des complexes d'activation de MAVS est alors différente, avec cette fois-ci une importante quantité de RIG-I (Oshiumi et al., 2010).

3.5.2. <u>Régulation négative par les virus</u>

L'induction d'IFN par RIG-I est impactée par les protéines virales qui agissent au niveau de la cascade de signalisation des RLR (MAVS, IFR3/7, …). La régulation virale des RLR a été décrite précédemment, mais des protéines virales agissent directement sur l'activation de RIG-I. Les virus influenza, Ebola et de la vaccine codent respectivement pour les protéines NS1, VP35 et E3L. Ces trois protéines ont une forte affinité pour l'ARNdb, et sont donc des inhibiteurs compétitifs de RIG-I pour la liaison à son agoniste (Cárdenas et al., 2006; Marq et al., 2009; Rehwinkel et al., 2010). De plus, la protéine NS1 du virus influenza bloque la multimérisation de TRIM25 et prévient l'ubiquitination activatrice de RIG-I (Gack et al., 2009). Au même niveau de la cascade de signalisation, la protéine NS2 du virus respiratoire syncytial est capable de se lier à RIG-I. NS2 agit comme un inhibiteur compétitif de MAVS pour la liaison au domaine CARD en position N-terminale de RIG-I (Ling et al., 2009). La protéine Z de quatre Arenovirus du nouveau monde, les virus Guanarito, Junin, Machupo et Sabia, est capable de se lier à RIG-I et inhibe ainsi l'interaction entre RIG-I et MAVS. En effet, l'expression de la protéine Z de ces quatre virus inhibe l'induction d'ARNm de l'IFN-β en réponse à une stimulation par un ARN-5'ppp (Fan et al., 2010).

La protéine V des Paramyxovirus interagit avec MDA5 et LGP2 mais pas avec RIG-I. Par ailleurs, V inhibe de façon très efficace l'action de MDA5. En réalité, la substitution d'un résidu d'acide aminé permet ou non l'interaction de V avec un RLR. Le résidu Arg^{806} de MDA5 est essentiel pour son inhibition par V et la substitution du résidu analogue chez RIG-I, la Leu^{714} en Arg, permet à V de reconnaître RIG-I. Un seul acide aminé permet ainsi au paramyxovirus de distinguer MDA5 de RIG-I (Rodriguez and Horvath, 2013). Cependant, une étude a montré que la protéine V du virus parainfluenza de type 5 (PIV5) est capable d'inhiber RIG-I. En effet, la protéine V de PIV5 est capable d'interagir avec LGP2 ; ce complexe inhibe alors la signalisation via RIG-I (Childs et al., 2012).

OBJECTIF

<u>OBJECTIF</u>

Depuis sa découverte en 2004, le récepteur RIG-I a fait l'objet de nombreuses études. Les résultats obtenus ont permis une amélioration considérable de notre compréhension du mécanisme d'activation de RIG-I. Cependant, plusieurs points restent encore à élucider. Par ailleurs, l'intérêt porté à ce récepteur en fait un sujet d'étude compétitif. Ce phénomène explique l'accumulation de publications présentant parfois des résultats divergents.

L'objectif de cette thèse est d'apporter des informations complémentaires quant aux processus moléculaires mis en jeu lors de l'activation de RIG-I. Afin d'appréhender le sujet de façon complète et fiable, cette étude a été réalisée en collaboration avec l'équipe de Stephen Cusack, de l'EMBL de Grenoble. L'association de l'expertise biochimique et structurale de nos collaborateurs, et de nos compétences en biologie cellulaire, devait permettre d'obtenir des résultats convaincants.

Au cours de ma thèse, j'ai étudié différentes étapes du mécanisme d'activation de RIG-I en mettant en œuvre deux approches. Une première approche axée sur l'étude fonctionnelle de mutants RIG-I m'a permis de caractériser la forme auto-réprimée de ce récepteur, et d'identifier un possible rôle régulateur de l'activité d'hydrolyse de l'ATP. La seconde approche, mettant en œuvre des techniques complémentaires d'analyse d'interaction entre protéines, remet en cause la nécessité de l'oligomérisation de RIG-I pour l'activation de la réponse IFN.

MATÉRIELS & MÉTHODES

MATÉRIELS & MÉTHODES

1. Culture cellulaire

1.1. Lignées cellulaires utilisées

Au cours de cette étude, nous avons utilisé différentes lignées cellulaires.

Les cellules 293T, A549 et Vero sont des cellules largement utilisées en laboratoire.

Les cellules 293T sont des cellules humaines embryonnaires de rein, connues pour être facilement transfectables. Nous les avons ainsi principalement utilisées pour tester l'expression de protéines, réaliser des co-immunoprécipitations mais également les tests de complémentation utilisant la luciférase Gaussia.

Les cellules A549 sont des cellules épithéliales issues d'un adénocarcinome alvéolaire humain. Ces cellules répondent efficacement aux stimulations par du poly(I:C) ou des ARN synthétiques. Elles ont été utilisées pour la mise au point de tests fonctionnels visant à étudier l'activation de RIG-I.

Les cellules Vero sont des cellules épithéliales d'un rein issu d'un singe vert africain. Cette lignée cellulaire est incapable de sécréter de l'IFN de type I, par contre, elle possède les récepteurs IFNAR et est donc capable de répondre à une stimulation IFN exogène (Desmyter et al., 1968). Cette caractéristique est la raison pour laquelle les cellules Vero sont fréquemment utilisées pour produire des stocks de virus. Au cours de notre étude, cette lignée cellulaire a permis de vérifier l'implication de la production d'IFN lors de la mise au point d'un test fonctionnel.

Les cellules Huh7.5 sont issues d'un clone cellulaire obtenu à partir des cellules Huh7. Ces dernières sont des hépatocytes dérivés de cellules d'un carcinome prélevé sur une tumeur du foie d'un homme japonais en 1982 (Nakabayashi et al., 1982). Les cellules Huh7 n'expriment ni le récepteur cytoplasmique MDA5, ni le récepteur membranaire TLR3 (Binder et al., 2011; Li et al., 2005). Par ailleurs, le récepteur IFNAR2 est également faiblement exprimé (Damdinsuren et al., 2007). Les cellules Huh7 ne répondent donc à un stimulus, comme une infection par le virus Sendai, que via RIG-I et de manière très limitée (Keskinen et al., 1999). Les cellules Huh7.5 étant issues des cellules Huh7, elles possèdent les mêmes caractéristiques : absence d'expression des récepteurs MDA5 et TRL3, faible expression du récepteur IFNAR2, et une protéine RIG-I mutée en position 55 (T55I), ce qui la rend complètement inactive par empêchement de son interaction avec MAVS (Gack et al., 2008; Saito et al., 2007; Sumpter et al., 2005). La lignée cellulaire Huh7.5 s'avère donc un hôte idéal pour réaliser des études fonctionnelles des récepteurs RIG-I et MDA5 sans interférence avec les formes endogènes et les mécanismes de rétrocontrôles positifs et négatifs mis en jeu lors de la réponse IFN.

Nous avons utilisé également la lignée cellulaire DF-1, fibroblastes de poulet dont le génome est naturellement dépourvu du gène codant pour le récepteur RIG-I (Barber et al., 2010) pour étudier le RIG-I de canard. En effet, la protéine de canard était correctement exprimée dans ces cellules, et l'activation par un agoniste spécifique de RIG-I a permis l'analyse fonctionnelle de RIG-I de canard.

1.2. Conditions de culture

Toutes les lignées cellulaires ont été maintenues en culture à 37 °C sous 5 % de CO2 et cultivées dans du milieu DMEM (Dulbecco's modified Eagle's medium) complémenté avec 10 % de SVF (sérum de veau fœtal), 2 mM de L-glutamine, 10 mM d'HEPES et 10 µg/µl de gentamycine. Par ailleurs, le milieu de culture des cellules Huh7.5 a également été complémenté avec 1 % d'acides aminés non essentiels (Gibco MEM NEAA 100 X).

2. Virus

Cette étude a nécessité l'utilisation de deux virus :

- Le Virus de la Stomatite Vésiculaire possédant un gène additionnel codant pour la GFP, ou VSV-GFP. Ce virus présent dans la collection du laboratoire, a initialement été fourni par J. Perrault et D. Garcin.

- Le Virus Moraten-eGFP, souche vaccinale du virus de la Rougeole possédant une unité de transcription additionnelle codant pour la GFP. Ce virus a été construit par Louis-Marie Bloyet, thésard au sein de l'équipe, selon la technique de production de virus recombinant décrite par Radecke et al. (Radecke et al., 1995).

3. Plasmides & clonages

3.1. PCR

Les amorces sens et anti-sens ont été dessinées en suivant les indications données par le manuel du kit In-Fusion® HD Cloning de Clontech après avoir déterminé le ou les sites de restrictions appropriés pour le clonage. Lors de l'insertion d'une mutation ponctuelle, le gène codant pour la protéine a été amplifié en deux fragments distincts. Le premier fragment comprenait le début de la séquence codante et s'arrêtait après les nucléotides à modifier. En effet, l'amorce anti-sens utilisée pour amplifier ce premier fragment portait la mutation à insérer. Le second fragment était alors la fin de la séquence codante. L'amorce anti-sens du premier fragment et l'amorce sens du second fragment portaient une région complémentaire d'une longueur de 15 nucléotides.

Les PCR ont été réalisées en utilisant soit le kit Phusion® de New England Biolabs, soit le kit PrimeStar® de Takara selon les recommandations des fournisseurs. Les PCR ont ensuite été purifiées sur gel en utilisant le kit Illustra GFX PCR DNA and Gel Band Purification de GE Healthcare. Les PCR purifiées ont finalement été dosées au nanodrop.

3.2. In Fusion

Les clonages ont été réalisés en utilisant le kit In-Fusion® HD Cloning de Clontech. Les vecteurs ont été digérés avec la ou les enzymes de restriction appropriées puis purifiés sur gel en utilisant le kit Illustra GFX PCR DNA and Gel Band Purification de GE Healthcare. Les vecteurs purifiés ont ensuite été dosés au nanodrop. Les quantités conformes d'ADN de vecteur et d'ADN de PCR ont été mélangées avec 1 X (final) de Premix d'enzyme In-Fusion et de l'eau stérile, dans un volume final de 10 µl. Le mélange d'In-Fusion a été incubé à 50 °C pendant 15 minutes puis placé sur glace jusqu'à la réalisation de la transformation. Les quantités conformes d'ADN ont été déterminées en utilisant le site suivant : http://bioinfo.clontech.com/infusion/molarRatio.do. Lorsque la séquence codante de la protéine était amplifiée en deux fragments distincts, le mélange d'In-Fusion était composé du Premix d'enzyme, d'eau stérile et de trois ADN, celui du vecteur et ceux des deux fragments. Dans ce cas, les quantités conformes d'ADN ont également été déterminées en utilisant le site cité précédemment.

3.3. Transformation des bactéries, production et sélection des plasmides

Les plasmides construits ont été amplifiés en utilisant les bactéries Stellar fournies par Clontech. La transformation des bactéries a été effectuée comme suit. 5 µl du mélange d'In-Fusion ont été mélangés à 50 µl de bactéries puis ont été incubés pendant 30 minutes à 4 °C. Un choc thermique a été effectué pendant 30 secondes à 42 °C suivi d'une incubation de 3 minutes à 4 °C. 250 µl de milieu SOC ont ensuite été ajoutés avant d'incuber les bactéries pendant 1 heure, sous agitation, à 37 °C. Les bactéries ont été étalées sur des boîtes contenant un mélange solide d'Agar-Agar dissous dans du milieu LB Broth (SIGMA) à raison de 15 g/l et comprenant également 50 µg/ml de carbenicilline. Les boîtes ont été incubées pendant 1 nuit à 37 °C.

Le lendemain, des minipréparations ont été ensemencées en resuspendant un clone bactérien dans 3 ml de milieu LB Broth (SIGMA) comprenant 50 µg/ml de carbenicilline. Cinq à dix minipréparations ont été ensemencées pour un clonage. Les minipréparations ont été incubées pendant 1 nuit sous agitation à 37 °C. Suite à l'incubation, l'ADN plasmidique a été extrait en utilisant le kit Nucleospin® Plasmid de Macherey-Nagel. Les préparations plasmidiques extraites ont alors été criblées par digestion enzymatique et analysées avec une migration sur gel d'agarose.

Pour un clonage donné, une midipréparation a été ensemencée en diluant 100 µl d'une minipréparation, ayant donnée une préparation plasmidique avec le profil de criblage attendu, dans 50 ml de milieu LB Broth (SIGMA) comprenant 50 µg/ml de carbenicilline. La midipréparation a alors été incubée pendant 1 nuit sous agitation à 37 °C. Suite à l'incubation, l'ADN plasmidique a été extrait en utilisant le kit NucleoBond® Xtra Midi de Macherey-Nagel. La préparation plasmidique extraite a finalement été dosée au nanodrop, et vérifiée par séquençage, par la société MWG Enrofins Operon, avant d'être ajoutée à la collection du laboratoire.

4. ARN synthétiques

4.1. Synthèse des ARN

Les ARN synthétiques utilisés ont été fournis par l'équipe de Stephen Cusack de l'EMBL de Grenoble. Les ARN leader des virus de la rage, d'ebola, et de la rougeole ont été transcrits *in vitro* en utilisant la polymérase T7 puis purifiés sur un gel d'urée (Weichenrieder et al., 2000).

L'ARNdb-5'ppp utilisé a été obtenu par hybridation de deux ARN complémentaires synthétisés *in vitro* et purifiés : l'ARNsb-5'ppp-sens et l'ARNsb-5'ppp-antisens. Les deux ARNsb-5'ppp sens et anti-sens sont composés de seulement 3 nucléotides, G, U et C pour le premier et G, A et C pour le second, afin d'éviter les erreurs liées à la transcription via la polymérase T7 et de s'assurer que les ARN transcrits sont bien simple brin (Marq et al., 2011).

Les cinq ARN ont été synthétisés par E. Kowalinski à l'EMBL de Grenoble et les séquences des ARNsb-5'ppp sens et anti-sens nous ont été fournies par D. Kolakofsky et D. Garcin (Marq et al., 2010, 2011).

ARN	Séquence
ARN leader du virus de la rage	GGACGCTTAACAACAAAACCAGAGAAGAAAAAGACAGCGTCAATTGCAAA GCAAAAATGTG
ARN leader du virus ebola	GGACACACAAAAAGAAAGAAAAGTTTTTTATACTTTTTGTGTGCGAATAAC TATG
ARN leader du virus de la rougeole	GGACCAAACAAAGTTGGGTAAGGATAGATCAATCAATGATCATATTCTAGT ACACTTG
ARNsb-5'ppp-sens	GGUCCUGUCUGUUGUCGGUCUCGUUUGUUGCGUGUCCGUGUUCGCC UUGGUUCCCCGGUGCC
ARNsb-5'ppp-anti-sens	CCAGGACAGACAACAGCCAGAGCAAACAACGCACAGGCACAAGCGGAAC CAAGGGGCCACGG

Tableau 3 : Séquences des ARN synthétiques après séquençage

4.2. Séquençage des ARN

Afin de vérifier la séquence des ARN synthétisés *in vitro*, et en particulier l'extrémité 3', nous avons utilisé la technique suivante (Figure 12). La connaissance de la séquence exacte de l'extrémité 3' des ARN nous a permis de concevoir les amorces utilisées pour la technique de RT-PCR « Stem-Loop » décrite plus loin.

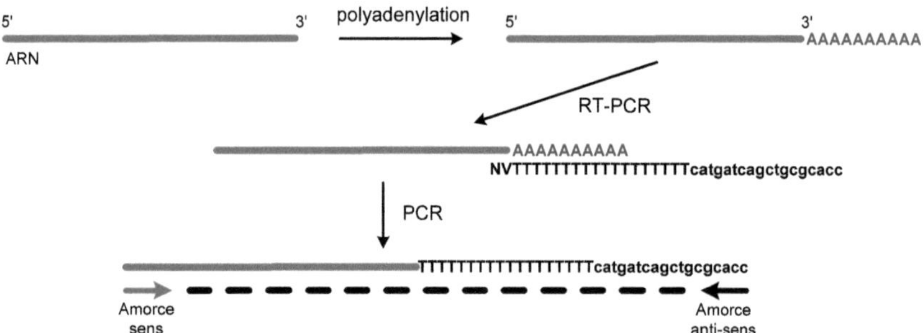

Figure 12 : Technique de séquençage des ARN synthétiques
Afin de concevoir des amorces spécifiques de RT-PCR, l'extrémité 3' des ARN a dû être identifiée. Une première étape d'ajout d'une queue poly(A) a par la suite permis l'amplification par RT-PCR de l'ARN. Une amorce composée d'une séquence étiquette, d'une succession de T permettant l'hybridation sur la queue poly(A), et de deux nucléotides aléatoires, N réprésentant les quatre bases A-G-C-T et V représentant les trois bases A-G-C, a été utilisée pour la synthèse d'ADNc. Les deux nucléotides N et V ont permis à l'amorce de s'hybrider à l'extrémité 3' de l'ARN étudié. L'étape de PCR a ensuite été réalisée avec une amorce correspondant à l'extrémité 5' de l'ARN et une amorce s'hybridant à la séquence étiquette.

Dans un premier temps, une queue polyA a été rajoutée à l'extrémité 3' de l'ARN pur. La polyadénylation a été réalisée avec le kit E. coli Poly(A) Polymerase de New England Biolabs (NEB). 2,5 ng d'ADN ont été mélangés avec 1 X (final) de tampon de Poly(A), 1 mM d'ATP, 2,5 Unités (U) de polymérase Poly(A), 10 U de RNase OUT et de l'eau stérile, dans un volume final de 20 µl. Le mélange a été incubé pendant 15 minutes à 37°C puis la réaction a été stoppée par une incubation à 65°C pendant 20 minutes. La deuxième étape a consisté en une transcription inverse (RT) avec une amorce oligo(dT)-tag de type amorcePCR-TTTTTTTTVN. La RT a été réalisée avec le kit SuperscriptTM III d'Invitrogen. Aux 14,25 µl de mix de réaction contenant 1 X de tampon de RT, 1 mM de dNTPs, 10 mM de Dithiothreitol (DTT), 10 U de RNase OUT, 100 U de Superscript III, 0,375 µM d'amorce et de l'eau stérile ont été ajoutés 5 µl d'ARN polyadénylé. Les échantillons ont alors été soumis au cycle de RT (Tableau 4). Les cDNA obtenus ont été ensuite amplifiés par PCR grâce au kit Taq Polymerase de NEB. Aux 44 µl de mix de réaction contenant 1 X de tampon de PCR, 0,2 mM de dNTPs, 3,125 U de Taq Polymerase, 1,5 mM de $MgCl_2$ et de l'eau stérile ont été ajoutés 0,2 µM de chaque amorce, sens et anti-sens, et 4 µl de cDNA. Les échantillons ont alors été soumis aux cycles de PCR (Tableau 4).

RT (Superscript II)	RT (Superscript III)	PCR (Taq Polymerase)	
16°C – 30min 42°C – 30min 85°C – 5min 4°C – pause	55°C – 50min 85°C – 5min 4°C – pause	95°C – 30s -------------------------------- 95°C – 20s 55°C – 30s 68°C – 15s -------------------------------- 68°C – 5min 4°C – pause	35 cycles

Tableau 4 : cycles de RT (Superscript III) et de PCR (Taq Polymérase)

10 µl de chaque PCR mélangés à du tampon de charge ont été déposés sur un gel d'agarose à 2,5 %. 20 µl de chaque PCR ont été séquencés par Eurofins MWG Operon. Les séquences, corrigées après séquençage, des ARN synthétiques utilisés sont présentées dans le tableau 3.

5.   Technique de RT-PCR « Stem-Loop »

La technique de RT-PCR « Stem-Loop » utilisée au cours de ces travaux a été adaptée de la méthode développée par Chen et al. pour quantifier en temps réel les microARN (Chen et al., 2005). L'utilisation d'une amorce spécifique à l'étape de la transcription inverse permet une amplification efficace et spécifique d'un ARN donné (Figure 13). En effet l'amorce de transcription inverse est composée d'une courte région complémentaire à l'extrémité 3' de l'ARN à amplifier, suivie d'une région d'ADN double brin et d'une boucle. Cette structure favorise la stabilité du complexe ARN – amorce et augmente la spécificité de l'amorce. Les amorces utilisées pour notre étude sont décrites dans le tableau 5.

ARN à amplifier	Amorce « Stem-loop »
ARN synthétique leader de la rage	GCGACGTTCCGTTGCGATCAGC<u>GTAC</u>GCTGATCGCAACGGAACGTC *GCGCACAT*
ARN synthétique leader de la rougeole	GCGACGTTCCGTTGCGATCAGC<u>GTAC</u>GCTGATCGCAACGGAACGTC *GCGAATTC*
ARN synthétique leader d'ebola	GCGACGTTCCGTTGCGATCAGC<u>GTAC</u>GCTGATCGCAACGGAACGTC *GCCATAGT*
ARNsb synthétique 5'ppp sens	GCGACGTTCCGTTGCGATCAGC<u>GTAC</u>GCTGATCGCAACGGAACGTC *GCGGCACC*

Tableau 5 : Séquences des amorces "Stem-loop"

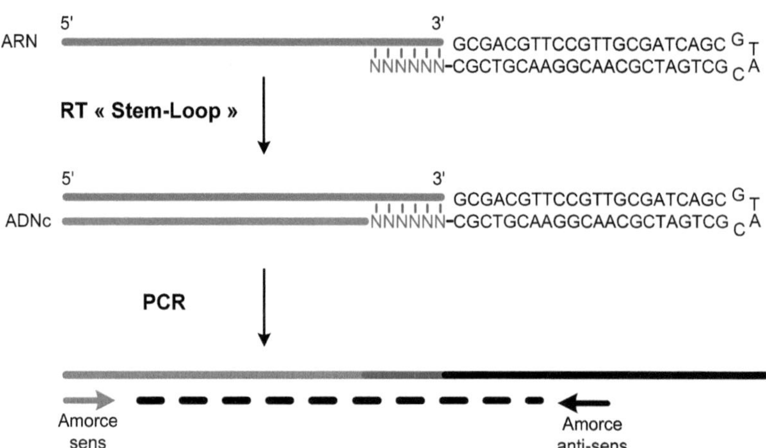

Figure 13 : Principe de la RT-PCR "Stem-Loop"
Une première étape était la transcription inverse de l'ARN grâce à une amorce composée d'une longue tige, d'une boucle de quatre nucléotides et d'une séquence de six nucléotides de long s'hybridant sur l'extrémité 3' de l'ARN. Une PCR a ensuite été réalisée avec une amorce complémentaire de l'extrémité 5' de l'ARN et une amorce s'hybridant sur l'amorce utilisée pour la transcription inverse.

Dans un premier temps, les ARN ont été soumis à une RT réalisée avec le kit SuperscriptTM II Reverse Transcriptase d'Invitrogen. 5 µl d'ARN ont été ajoutés aux 10 µl de mix de réaction contenant 1 X (final) de tampon de RT, 1 mM de dNTPs, 10 mM de DTT, 4 U de RNase OUT, 50 U de Superscript II, de l'eau stérile et 0,5 µM d'amorce (Tableau 5). Les échantillons ont alors été soumis au cycle de RT (Tableau 4). Dans un second temps, les cDNA obtenus ont été amplifiés par PCR grâce au kit Taq Polymerase de New England Biolabs. Aux 18 µl de mix de réaction contenant 1 X (final) de tampon de PCR, 0,2 mM de dNTPs, 1,25 U de Taq Polymerase, 1,5 mM de MgCl2 et de l'eau stérile ont été ajoutés 0,2 µM de chaque amorce, sens et anti-sens, et 2 µl de cDNA. Les échantillons ont alors été soumis aux cycles de PCR (Tableau 4). Après ajout de tampon de charge (1 X final), la totalité des PCR a été déposée sur un gel d'agarose à 2,5 %.

6. Expression de protéines recombinantes et transfection d'ARN synthétiques

6.1. Transfection transitoire d'ADN

Plusieurs agents de transfection ont été utilisés afin d'optimiser l'expression des protéines de chaque lignée cellulaire. Les cellules 293T, facilement transfectables, ont été transfectées avec le kit JetPRIME^{TM} de Polyplus transfection, suivant le protocole préconisé par le fournisseur. Les cellules DF-1 et Huh7.5, moins facilement transfectables, ont été transfectées en utilisant l'agent de transfection Transit®-LT1 de Mirus et en suivant le protocole préconisé par le fournisseur.

6.2. Établissement de lignées stables

Une lignée cellulaire DF-1 exprimant stablement la protéine RIG-I de canard a été construite avec la méthode de transduction utilisant des lentivecteurs. Les lentivecteurs sont des pseudo-particules virales composées de protéines du VIH, de la protéine d'enveloppe du VSV et d'un pseudo génome comportant le gène à introduire dans le génome cellulaire. L'entrée d'un lentivecteur dans une cellule entraîne l'intégration du pseudo génome grâce à l'intégrase VIH.

Afin de produire les lentivecteurs, le premier jour, trois boîtes de 100 mm de diamètre ont été ensemencées avec 4.10^6 cellules 293T dans 10 ml de DMEM − 10 % SVF. Le matin du deuxième jour, les cellules ont été transfectées avec le kit Profection® Mammalien Tansfection System-Calcium Phosphate de Promega. 8 µg du plasmide pRRL-CMV-Flag-cRIG-7ires-Puro construit, 8 µg du plasmide p8.2HIV et 4 µg du plasmide VSV-G ont été transfectés selon le protocole du fournisseur. Le soir, le milieu des cellules a été remplacé par 10 ml de DMEM − 10 % SVF. Le quatrième jour, les cellules ont été détachées et centrifugées pendant 5 minutes à 430 g avec leur milieu de culture. Le surnageant a ensuite été filtré avec un filtre de 0,45 µm. Les lentivecteurs ont été concentrés par ultracentrifugation sur un coussin de sucrose à 25 % pendant 2 heures à 4°C à 130000 g. Le culot a été resuspendu dans 150 µl de RPMI contenant 0,01 M de MgCl2 et 0,1 mM de dNTPs. Les lentivecteurs ont été conservés à -80 °C.

La transduction des cellules a été réalisée selon le protocole suivant. Des cellules DF-1 ont été ensemencées dans une plaque 6 puits à raison de 6.10^5 cellules par puits. 0,3 µl, 1 µl, 3 µl ou 30 µl de la suspension de lentivecteurs ont été ajoutés directement dans le milieu de culture 8 heures après l'ensemencement des cellules. Le milieu de culture a été changé 24 heures après, puis, de nouveau 24 heures après, remplacé par du milieu contenant 2 µg/ml de puromycine.

Afin d'obtenir une expression homogène de RIG-I de canard dans les cellules transduites, un clonage des cellules résistant à la puromycine a été effectué. Lorsqu'un puits contenait suffisamment de cellules, il a été trypsiné et les cellules récupérées ont été ensemencées dans une plaque de 96 puits à raison d'une cellule pour deux puits. Les cellules ont été cultivées dans du milieu contenant 2 µg/ml de puromycine.

6.3. Transfection d'ARN synthétiques

Les ARN synthétiques, poly(I:C) et ARN synthétisés *in vitro*, ont été transfectés en utilisant l'agent de transfection OligofectamineTM fourni par Invitrogen, et en suivant le protocole recommandé par le fournisseur.

7. Immunoprécipitation et analyse d'expression de protéines par Western Blot

7.1. Lyse des cellules

Les cellules ont été prélevées à partir soit d'un puits d'une plaque 6 puits soit d'une boîte de culture d'un diamètre de 100 mm. Les cellules ont été détachées avec 500 µl (puits P6) ou 2 ml (boite Ø 100mm) de trypsine-EDTA 0,05 % puis transférées dans des flacons Falcon de 15 ml contenant du DMEM-10 % SVF pour neutraliser la trypsine. Les flacons ont été centrifugés pendant 5 minutes à 430 g à 4 °C puis les culots cellulaires ont été rincés dans du PBS 1 X et à nouveau centrifugés pendant 5 minutes à 4 °C et à 430 g. Les cellules ont ensuite été lysées par ajout de tampon de lyse (Tableau 6), 70 µl pour les puits de P6 ou 500 µl pour les boites de Ø 100mm, et incubées pendant 20 minutes dans la glace. Les lysats ont ensuite été centrifugés pendant 10 minutes à 4 °C et à 13000 g (pour une analyse par western blot) ou à 7000 g (pour une immunoprécipitation) et les surnageants ont été récupérés. Différents tampons de lyse ont été utilisés en fonction de l'analyse à réaliser.

Western blot	Immunoprécipitation
Tampon 0,6 % NP-40 : 50 mM Tris HCl pH 7.4, 150 mM NaCl, 0,6 % Nonidet P-40, 1 mM EDTA + Complete 1 X	**Tampon 0,1 % NP-40 :** 50 mM Tris HCl pH 7.4, 150 mM NaCl, 0,1 % Nonidet P-40, 1 mM EDTA + Complete 1X
Tampon 0,6 % NP-40 & urée : 50 mM Tris HCl pH 7.4, 150 mM NaCl, 0,6 % Nonidet P-40, 6 M Urée, 1 mM EDTA + Complete 1X	**Tampon RIPA :** 50 mM Tris HCl pH 7.4, 150 mM NaCl, 0,1 % Nonidet P-40, 0,5 % sodium deoxycholate, 0,1 % SDS and benzonase (1 µl/échantillon) + Complete 1X
	Tampon PLB : 10 mM d'HEPES pH 7,4, 0,1 M de KCl, 5 mM de $MgCl_2$, 25 mM d'EDTA, 0,5 % de Nonidet P-40 + Complete 1 X

Tableau 6 : Tampons de lyse utilisés

7.2. Immunoprécipitation de protéines

Un gel d'affinité anti-Flag M2 (SIGMA) a été utilisé pour les immunoprécipitations. 30 µl de gel ont été prélevés (pour des protéines extraites à partir de 3.10^6 cellules) et lavés deux fois avec 500 µl de tampon de lyse 0,1 % NP-40 (lors d'une lyse avec les tampons 0,1 % NP-40 ou RIPA) ou de tampon de lavage NT2 (50 mM Tris-HCl pH 7,4, 150 mM NaCl, 1 mM MgCl2 et 0,05 % Nonidet P-40, lors d'une lyse avec le tampon PLB). Par ailleurs, lors de certaines immunoprécipitations, le tampon de lyse utilisé a été complété avec 5 % de glycérol. Le tampon de lavage a alors également été complété avec 5 % de glycérol. 9/10 du lysat cellulaire a été incubé avec le gel pendant 2 heures à 16 heures à 4 °C sur une roue agitatrice. Le lysat restant (1/10) a été conservé à -20 °C afin de tester l'expression des protéines transfectées. A la suite de l'incubation pendant la nuit avec le lysat cellulaire, le gel d'affinité a été lavé à quatre reprises avec 500 µl de tampon de lavage. Le dernier lavage a été conservé afin de vérifier l'élimination des protéines fixées au gel de façon aspécifique. Une élution douce par compétition a ensuite été réalisée en ajoutant 150 µl d'un mélange de peptides 3X Flag (SIGMA) dilués dans du TBS (50 mM de Tris-HCl pH 7,4 + 150 mM de NaCl) à une concentration de 150 ng/µl. L'élution a été effectuée pendant 30 minutes sur une roue agitatrice à 4 °C. Les protéines éluées ont alors été récupérées et analysées par western blot en même temps que les protéines contenues dans le lysat et le dernier lavage.

7.3. Analyse par Western Blot

Les protéines ont été dénaturées par ajout de tampon Laemmli 1 X et chauffage à 100 °C pendant 3 minutes. Les échantillons ont été déposés sur gel de SDS-polyacrylamide (sodium dodecyl sulfate), contenant 8 % à 15 % d'acrylamide (en fonction de la taille des protéines), pour une migration d'environ 90 minutes (20 minutes à 80 V et 70 minutes à 130 V). Le transfert a été effectué pendant 16 heures à 4 °C et à 50 mA sur une membrane PVDF. La membrane a ensuite été saturée dans du TBS-Tween 1 X contenant 5% de lait pendant 1 heure à température ambiante. L'incubation avec l'anticorps primaire dilué dans du TBS-Tween 1 X – lait 5 % a été réalisée sous agitation pendant 1 heure et 30 minutes à température ambiante. La membrane a ensuite été rincée 5 fois avec du TBS-Tween 1 X avant d'être incubée pendant 1 heure à température ambiante et sous agitation avec l'anticorps secondaire dilué dans du TBS-Tween 1 X – lait 1 %. Cinq rinçages de 5 minutes ont été effectués avant la révélation avec le kit de luminescence Covalight de Covalab. Les anticorps monoclonaux de souris anti-FLAG et anti-HA ont été fournis par Sigma. L'anticorps monoclonal de souris Cl25 anti-N de rougeole a été produit au laboratoire, il reconnaît la séquence N462–475 ARRAAHLPTGTPLDIGG utilisable comme étiquette peptidique (Ghannam et al., 2008). L'anticorps monoclonal de souris anti-P a été donné par P. Pothier (Centre Hospitalier Universitaire, Dijon). L'anticorps polyclonal anti-C-myc a été fourni par Clontech. L'anticorps monoclonal de souris anti-GAPDH a été fourni par Millipore. Les anticorps anti-souris et anti-lapin couplés HRP ont été fournis par Promega.

8. Tests fonctionnels d'activation de RIG-I

Le récepteur cytoplasmique RIG-I détecte des ARN viraux présents dans la cellule, et induit un signal afin que la cellule combatte l'infection. De façon plus précise, RIG-I active une voix d'induction de l'IFN, une cytokine majeure de la réponse immunitaire innée. Tester l'activation de RIG-I correspond donc à vérifier la production d'IFN. Nous avons utilisé trois tests fonctionnels différents basés sur ce principe (Figure 14).

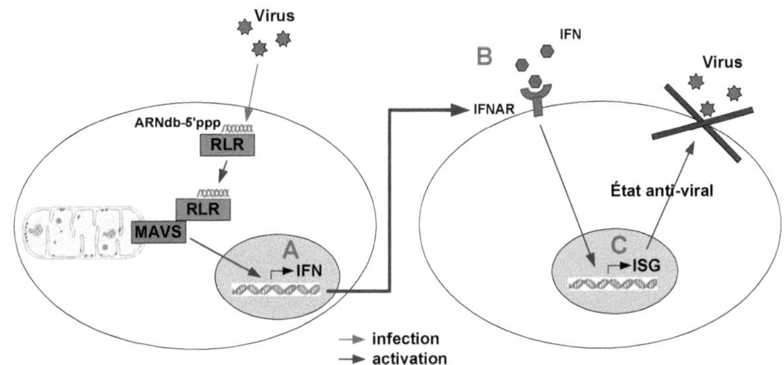

Figure 14 : Réponse face à une infection virale via RIG-I
Trois tests ont été utilisés pour vérifier la production d'IFN. Le premier test (A) était basé sur la détection de la stimulation du promoteur de l'IFN-β en utilisant un plasmide codant pour le gène de la luciférase Firefly sous le contrôle du promoteur de l'IFN-β. Le deuxième test (B) a consisté en la détection de la production d'IFN via la permissivité au virus VSV, virus très sensible à l'IFN. Le dernier test (C) a consisté à quantifier la production d'ARNm de Mx, une protéine anti-virale induite par l'IFN.

8.1. Détection de l'induction du promoteur IFN

Des cellules Huh7.5 ont été ensemencées dans une plaque de 96 puits blanche (Costar) à raison de $1,6.10^4$ cellules par puits. Les cellules ont été transfectées 18 heures après, avec 100 ng d'ADN selon la composition suivante : 50 ng du plasmide codant pour le gène de la luciférase Firefly sous le contrôle du promoteur IFN-β (pIFNβ-luc), 17 ng du plasmide codant pour la luciférase Renilla (pHRL-tk-luc) et 33 ng du plasmide codant pour RIG-I. 24 heures après, les cellules ont été stimulées soit par transfection d'ARN, soit par infection avec le virus Moraten-eGFP. Finalement, la luminescence reflétant la quantité de protéines luciférase produites a été mesurée 24 heures après la stimulation. La quantification de la luminescence a été réalisée avec le kit DualGlo Luciferase Assay System fourni par Promega. Succinctement, l'ajout d'un premier réactif permet de mesurer le signal émis par la luciférase Firefly. Le second réactif est ensuite ajouté afin de stopper la luminescence émise par la luciférase Firefly et de mesurer uniquement le signal émis par la luciférase Rénilla. Les mesures ont été réalisées avec l'appareil MITRAS LB 940 (Berthold Technologies). Les résultats ont été exprimés en rationalisant le signal Firefly mesuré par rapport au signal Renilla mesuré dans le même puits. Chaque condition a été réalisée en triplicat, les graphiques montrant ainsi les moyennes et écart-types correspondants.

8.2. Détection de la production d'IFN

Des cellules A549, Vero ou des cellules DF-1 ont été ensemencées dans une plaque de 48 puits à raison de 5.10^4 cellules par puits pour les deux premières lignées cellulaires ou de $3,75.10^4$ cellules par puits pour les cellules DF-1. Dans le cas des cellules A549 et Vero, les cellules ont été traitées avec de l'ARN synthétique (simplement ajouté dans le milieu ou bien transfecté) 18 heures après l'ensemencement. Lors des tests sur les cellules DF-1, 18 heures après l'ensemencement, les cellules ont été transfectées avec 65 ng du plasmide codant pour RIG-I puis, 24 heures après transfectées avec de l'ARN synthétique. Les cellules ont ensuite été infectées avec le virus de la Stomatite Vésiculaire portant un gène additionnel codant pour la eGFP (VSV-GFP), à une MOI de 10, 28 heures après la stimulation. Une analyse par cytométrie en flux a été effectuée 18 heures après l'infection afin de quantifier le nombre de cellules fluorescentes et donc infectées. Les cellules ont été détachées avec 90 µl de trypsine-EDTA 0,05 % puis transférées dans les puits d'une plaque 96 puits à fond conique contenant 110 µl de DMEM-10 % SVF pour neutraliser la trypsine. La plaque 96 puits a été centrifugée pendant 5 minutes à 430 g à 4 °C. Les cellules ont ensuite été fixées dans 100 µl de paraformaldéhyde (PFA) à 1 % pendant 10 minutes et 200 µl de PBS 1 X ont été ajoutés avant leur transfert dans des tubes de cytométrie. Les acquisitions ont été effectuées avec le cytomètre Accuri C6 de BD Biosciences et l'analyse des données a été réalisée avec le logiciel FlowJo 9.2.

8.3. Détection de la production d'ISG

Des cellules DF-1 ont été ensemencées dans une plaque de 24 puits à raison de 1.10^5 cellules par puits. Les cellules ont été transfectées 18 heures après, avec 500 ng du plasmide codant pour RIG-I, puis 24 heures après, transfectées avec de l'ARN synthétique. Finalement, les cellules ont été lysées avec 350 µl de tampon RLT, fourni par le kit RNeasy Mini de Qiagen, supplémenté avec 1 % de βMercapto-éthanol. Les ARN cellulaires ont été extraits en utilisant le kit RNeasy Mini de Qiagen. Juste après leur fixation sur la colonne de purification, les ARN ont subi un premier traitement à la DNase avec la RNase free DNase de Qiagen. Les ARN extraits ont ensuite été dosés au nanodrop, et, pour chaque échantillon, 500 ng d'ARN ont subi un deuxième traitement à la DNase fournie cette fois-ci par Ambion. 500 ng d'ARN ont été mélangés avec 1 X (final) de tampon, 2 U de DNase et d'eau stérile dans un volume total de 15 µl. Les échantillons ont été incubés pendant 30 minutes à 37 °C, puis 2 µl du réactif d'inactivation de la DNase ont été ajoutés. Les échantillons ont été laissés au repos pendant 2 minutes à température ambiante, puis centrifugés pendant 2 minutes à 10000 g. Les surnageants ont été conservés et utilisés pour une analyse par RT-qPCR. Dans un premier temps, les ARN ont été soumis à une RT réalisée avec le kit iScriptTM cDNA synthesis de Biorad. 5 µl d'ARN ont été ajoutés aux 15 µl de mix de réaction contenant 1 X (final) de tampon de RT, 1 µl de transcriptase inverse et de l'eau stérile. Les échantillons ont alors été incubés pendant 5 minutes à 25 °C, puis pendant 30 minutes à 42 °C et enfin pendant 5 minutes à 85 °C avant d'être conservés à 4 °C. Dans un second temps, les cDNA obtenus ont été soumis à une qPCR en utilisant le kit FastStart Universal SYBR Green Master (ROX) de Roche. Aux 15 µl de mix de réaction contenant 1 X (final) de Mix de qPCR, 0,2 µM de chaque amorce, sens et anti-sens, et de l'eau stérile ont été ajoutés 5 µL de cDNA dilué au 1/10. Les échantillons ont alors été soumis à un cycle rapide de qPCR en utilisant l'appareil Step One PlusTM d'Applied Biosystems. Chaque condition a été testée en duplicat afin de pouvoir calculer une moyenne et un écart-type, et les résultats ont été rationnalisés par rapport à l'expression des ARNm du gène de ménage GAPDH.

9.   Immunoprécipitation de complexes nucléoprotéiques

9.1. Lyse des cellules

Des cellules Huh7.5 ont été ensemencées dans une boite de 100 mm de diamètre à raison de 3.10^{6} cellules par boite. Le lendemain, les cellules ont été transfectées avec 15 µg d'une construction codant pour Flag-RIG-I (la protéine sauvage ou mutée). 280 ng d'ARN synthétique leader ont été transfectés 24 heures après la transfection d'ADN. Les cellules ont été lysées 6 heures après la transfection d'ARN selon le protocole suivant. Les cellules ont été rincées avec 5 ml de PBS 1 X, puis récoltées à l'aide d'un grattoir dans 5 ml de PBS. Elles ont alors été centrifugées pendant 5 minutes à 430 g à 4 °C. Le culot cellulaire a été lysé dans un volume total de 500 µl de PLB (Tableau 6) et 20 U de RNaseOUT. Après une incubation de 20 minutes dans de la glace, les lysats ont été centrifugés pendant 10 minutes à 13000 g à 4 °C.

9.2. Immunoprécipitation des complexes Protéines – ARN

L'immunoprécipitation a été réalisée avec le gel d'affinité anti-Flag M2 (SIGMA). 40 µl de gel ont été lavés quatre fois avec le tampon de lavage NT2. 500 µl du lysat cellulaire a été incubé avec le gel d'affinité pendant une nuit à 4 °C. Les 100 µl de lysat restant ont été utilisés comme contrôle de transfection (ARN et ADN). A la suite de l'incubation sur la nuit avec le lysat cellulaire, le gel d'affinité a été lavé à six reprises avec 500 µl de tampon de lavage NT2. Le dernier lavage a été conservé afin de vérifier l'élimination des protéines et ARN fixés au gel de façon aspécifique. Une élution douce par compétition a ensuite été réalisée en ajoutant 150 µl d'un mélange de peptides 3 X Flag (SIGMA) dilués dans du TBS à une concentration de 150 ng/µl. L'élution a été effectuée pendant 30 minutes sur une roue agitatrice à 4 °C. Les complexes protéines - ARN élués ont alors été récupérés. Chaque fraction a ensuite été séparée en deux, 1/5 de chaque fraction (« input », immunoprécipitat, lavage) a été analysé par western blot et les 4/5 restants ont été soumis à une extraction et une détection des ARN présents.

9.3. Extraction et détection des ARN immunoprécipités

L'extraction des ARN a été effectuée par séparation au trizol/chloroforme. 600 µl de TRIzol (TRIzol® Reagent fourni par Life Technologies) ont été ajoutés à chaque échantillon. Après avoir mélangé plusieurs fois par pipetage-refoulage, les échantillons ont été incubés pendant 5 minutes à température ambiante. 200 µl de chloroforme ont alors été ajoutés, et après une agitation manuelle vigoureuse, une incubation de 2 à 3 minutes à température ambiante a été réalisée. Les échantillons ont ensuite été centrifugés pendant 10 minutes à 12000 g à 4 °C. La phase aqueuse a été transférée dans un nouveau microtube eppendorf. 10 µg de glycogène ont été ajoutés à chaque échantillon puis 500 µl d'isopropanol. Un mélange par retournement a été effectué, suivi d'une incubation pendant 10 minutes à température ambiante et d'une centrifugation pendant 10 minutes à 12000 g à 4 °C. Le surnageant a été éliminé et 1 ml d'éthanol à 80 % a été ajouté. Les échantillons ont été vortexés et centrifugés pendant 5 minutes à 7500 g à 4 °C. Le culot d'ARN a été séché et finalement dissous dans 20 µl à 30 µl d'eau stérile.

Les ARN extraits ont été soumis à une RT réalisée avec le kit SuperscriptTM II Reverse Transcriptase d'Invitrogen. 5 µl d'ARN extrait ont été ajoutés aux 10 µl de mix de réaction contenant 1 X (final) de tampon de RT, 1 mM de dNTPs, 10 mM de DTT, 4 U de RNase OUT, 50 U de Superscript II, de l'eau stérile et 0,5 µM d'amorce (Tableau 5) pour amplifier les ARN leader ou 4 µM de « Random Primers » et 3 µM d' « OligodT » pour amplifier le gène de référence. Une RT sans enzyme Superscript II a également été réalisée afin de contrôler les contaminations à l'ADN. Les échantillons ont alors été soumis aux cycles de RT (Tableau 4). Les cDNA obtenus ont ensuite été amplifiés par PCR grâce au kit Taq Polymerase de New England Biolabs. Aux 18 µl de mix de réaction contenant 1 X (final) de tampon de PCR, 0,2 mM de dNTPs, 1,25 U de Taq Polymerase, 1,5 mM de MgCl2 et de l'eau stérile sont ajoutés 0,2 µM de chaque amorce, sens et anti-sens, et 2 µl de cDNA. Les échantillons sont alors soumis aux cycles de PCR (Tableau 4). Après ajout de tampon de charge (1 X final), la totalité des PCR est déposée sur un gel d'agarose à 2,5 %.

10. Test de complémentation utilisant la luciférase Gaussia

Des cellules 293T ont été ensemencées à raison de 2.10^4 cellules par puits dans des plaques de 96 puits. Après 6 heures, les cellules ont été transfectées avec 100 ng d'une construction pCi-glu1-protéineA et 100 ng d'une construction pCi-glu2-protéineB, permettant l'expression des protéines fusion Glu1-ProtéineA et Glu2-ProtéineB dont les domaines Glu1 et Glu2 sont inactifs (Figure 15).

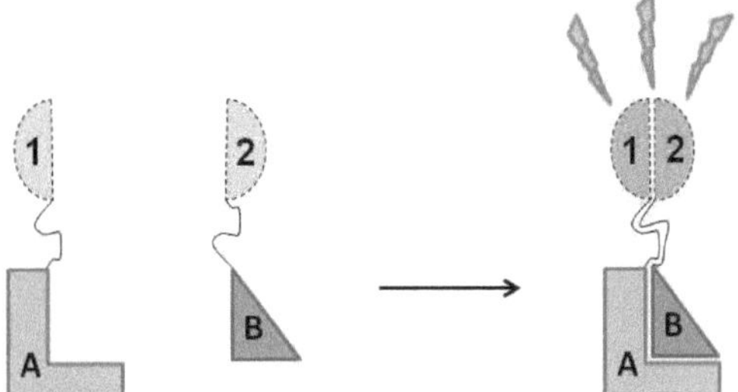

Figure 15 : Principe du test de complémentation utilisant la luciférase
Deux protéines chimériques sont construites : la protéine A couplée à la première partie de la luciférase (glu1) et la protéine B couplée à la deuxième partie de la luciférase (glu2). Lorsque les protéines A et B interagissent, le rapprochement de glu1 et glu2 restaure l'activité enzymatique de la luciférase et permet alors la mesure d'un signal.

Les cellules de certains puits ont été transfectées avec 170 ng de poly(I:C) 24 heures après la transfection d'ADN. La totalité des cellules a été lysée 24 heures post-transfection de poly(I:C) dans 40 µl de tampon de lyse Renilla 1 X (Renilla Luciferase Assay de Promega) pendant 30 minutes. L'activité de la luciférase Gaussia a été mesurée par le luminomètre MITRAS LB 940 (Berthold Technologies) après injection de 100 µl de substrat de luciférase Renilla (Renilla Luciferase Assay de Promega). L'interaction entre le couple protéique A et B est vérifiée par le calcul du ratio de luciférase normalisé, NLR pour Normalized Luminescence ratio (Cassonnet et al., 2011). La luminescence mesurée dans les puits co-transfectés avec les plasmides codant pour les constructions Glu1-A et Glu2-A a été divisée par la moyenne de la luminescence mesurée pour chaque partenaire co-exprimé avec le plasmide vide correspondant :

$$NLR = \frac{signal\ (Glu1\text{-}A + Glu2\text{-}B)}{[signal\ (Glu1 + Glu2\text{-}B) + signal\ (Glu1\text{-}A + Glu2)]}$$

Les mesures de chaque couple protéique ont été réalisées en triplicat. Les graphiques représentent ainsi les moyennes et écart-types correspondants.

RÉSULTATS EXPÉRIMENTAUX

RÉSULTATS

1. Étude structure-fonction du récepteur RIG-I

Le récepteur RIG-I est composé de trois types de domaines possédant des rôles divers mais essentiels pour son activation. L'objectif de cette étude était de vérifier l'implication de certains résidus d'acides aminés à différentes étapes du mécanisme d'activation de RIG-I. Nous avons ainsi analysé l'impact de mutations ponctuelles, conçues rationnellement, sur la capacité d'activation de la réponse IFN par RIG-I.

1.1. Confirmation du mécanisme d'activation de RIG-I de canard

Eva Kowalinski, de l'équipe de Stephen Cusack à l'EMBL de Grenoble, a réussi à obtenir la structure de la protéine RIG-I de canard (cRIG-I nommée également dRIG-I dans l'article 4 en annexe) entière (Kowalinski et al., 2011). Plus précisément, plusieurs cristaux ont été obtenus : le domaine hélicase avec ou sans ARN, le domaine CTD sans ARN, la protéine cRIG-I sans le CTD et la protéine cRIG-I entière. Ces résultats lui ont permis de proposer un nouveau mécanisme d'activation de RIG-I dont l'élément important était la forme auto-réprimée de RIG-I via l'interaction entre CARD2 et Hel2i en absence d'ARN ligand. Nous avons collaboré à ce projet en apportant des preuves fonctionnelles des observations réalisées avec les structures. La totalité du travail réalisé est présente dans la publication insérée en annexe.

1.1.1. Mise au point de tests fonctionnels permettant de tester l'activation de RIG-I de canard

Pour réaliser une étude fonctionnelle de protéines cRIG-I mutantes, il a fallu développer des tests fonctionnels. Suite aux travaux de Barber et al, nous avons décidé d'utiliser les cellules DF-1 afin de tester l'activation des mutants cRIG-I (Barber et al., 2010). L'Expression de la protéine sauvage cRIG-I dans les cellules DF-I a été vérifiée à la fois en expression transitoire et en expression stable (Figure 16A).

Deux tests fonctionnels ont alors été développés. Le premier test consistait à détecter la production d'IFN via l'inhibition du VSV, la réplication de ce virus étant largement réduite en présence d'IFN (Basu et al., 2006; D'agostino et al., 2009; Masters and Samuel, 1984). Nous avons stimulé des cellules A549 ou Vero avec du poly(I:C) et étudié l'effet sur l'infection par le VSV-GFP. L'infection des cellules A549 a été totalement inhibée après transfection de poly(I:C) tandis que pour une même quantité de poly(I:C) ajoutée dans le surnageant, aucune inhibition de l'infection n'a été observée (Figure 16A). Par ailleurs, la transfection d'une forte dose de poly(I:C) dans des cellules Vero, cellules ne produisant pas d'IFN, n'a pas inhibé l'infection par le VSV-GFP (Figure 16B). Le test mis en place était donc dépendant de la production d'IFN et dépendant de récepteurs cytoplasmiques.

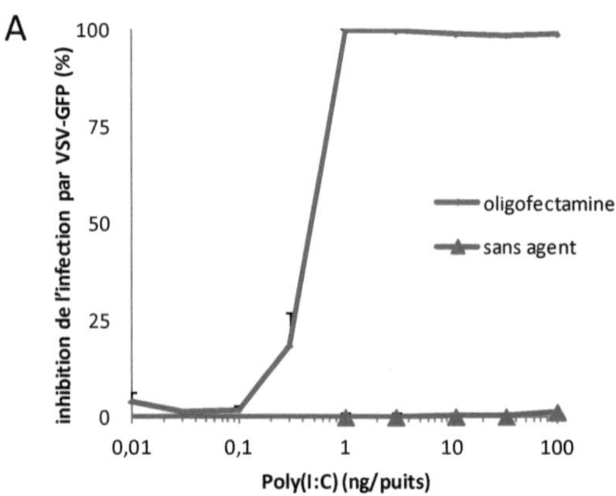

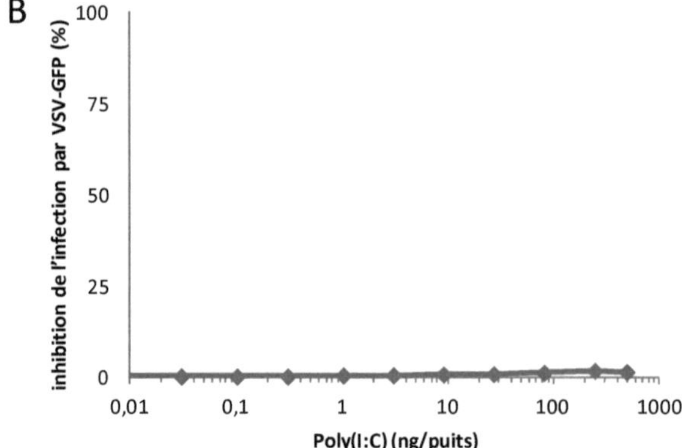

Figure 16 : Test de détection de la production d'IFN
(A) La transfection de poly(I:C) inhibe l'infection par le VSV dans les cellules A549. Des cellules A549 ont été traitées – transfection ou ajout dans le milieu de culture - avec différentes doses de poly(I:C). 24h après, les cellules ont été infectées par le VSV-GFP à une MOI de 10.
(B) La transfection de poly(I:C) n'inhibe pas l'infection par le VSV dans les cellules Vero. Différentes doses de poly(I:C) ont été transfectées dans des cellules Vero. 24h après, les cellules ont été infectées par le VSV-GFP à une MOI de 10.

L'activation de cRIG-I dans les cellules DF-1 a alors été testée. L'inhibition de l'infection des cellules DF-1 a été obtenue pour la même dose de poly(I:C) transfectée, que les cellules exprimaient cRIG-I ou non (Figure 17B). Ce résultat s'explique par le fait que le poly(I:C) est principalement reconnu par MDA5 (Kato et al., 2008; Schlee, 2013), récepteur présent dans les cellules DF-1. Par contre, la transfection d'ARN synthétique leader de la rage, ligand de RIG-I, n'a inhibé l'infection par le VSV-GFP que dans les cellules DF-1 exprimant cRIG-I (Figure 17C). Par ailleurs, l'inhibition de l'infection a été plus efficace dans les cellules exprimant cRIG-I de façon stable, car toutes les cellules exprimaient le récepteur, contrairement aux cellules DF-1 transfectées. Cependant, l'expression de cRIG-I dans les cellules transduites s'est avérée moins stable que prévue. En effet, après quelques passages, les cellules n'exprimaient plus cRIG-I tout en continuant à exprimer le gène de sélection. Tous les tests fonctionnels ont par la suite été réalisés avec des cellules transfectées pour plus de commodité.

Le second test consistait à quantifier la production d'ARN messager (ARNm) de Mx, Mx étant une protéine antivirale dont la production est induite par l'IFN (ISG) (Staeheli et al., 1986). La transfection de cRIG-I dans les cellules DF-1 a induit une faible production d'ARNm de Mx (Figure 18). Mais lorsque les cellules ont en plus été stimulées par du poly(I:C), la production maximale d'ARNm de Mx a été observée. Par la suite, tous les résultats ont été exprimés en fonction de cette réponse maximale, afin d'obtenir une meilleure visualisation de l'activation induite.

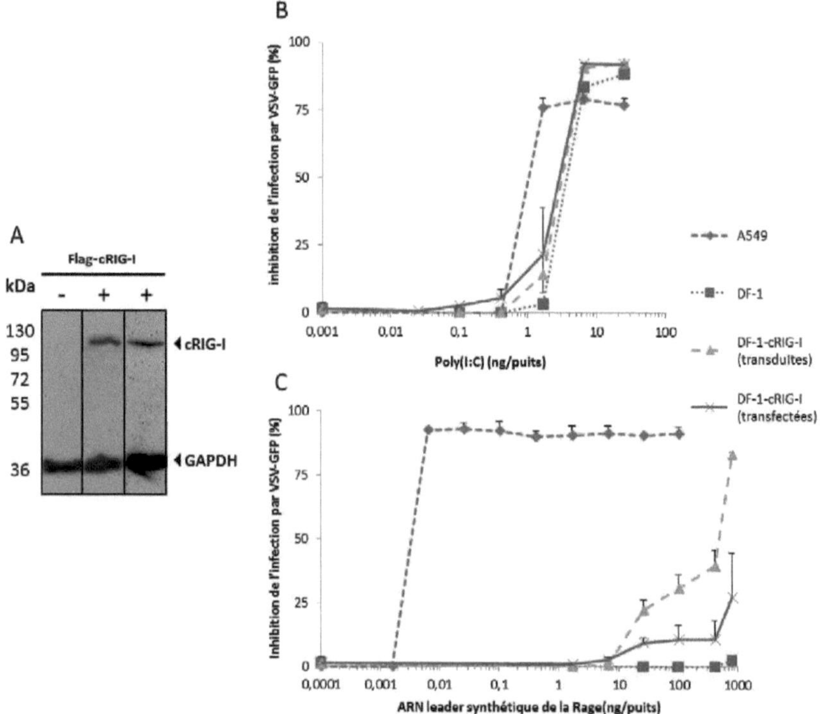

Figure 17 : cRIG-I induit un état antiviral dans les cellules de poulet après activation par un ARN synthétique
(A) Expression de Flag-cRIG-I dans les cellules DF-1. Les cellules DF-1 ont été soit transfectées soit transduites avec respectivement un plasmide ou un lentivecteur codant pour Flag-cRIG-I.
(B) Le poly(I:C) inhibe l'infection par le VSV dans les cellules A549, DF-1 et DF-1 exprimant cRIG-I. Différentes doses de poly(I:C) ont été transfectées dans des cellules A549, DF-1 et DF-1 exprimant cRIG-I après transduction ou transfection. 24h après, les cellules ont été infectées par le VSV-GFP à une MOI de 10.
(C) L'ARN synthétique leader de la rage inhibe l'infection par le VSV dans les cellules A549, et DF-1 exprimant cRIG-I. Différentes doses d'ARN synthétique leader de la rage ont été transfectées dans des cellules A549, DF-1 et DF-1 exprimant cRIG-I après transduction ou transfection. 24h après, les cellules ont été infectées par le VSV-GFP à une MOI de 10.

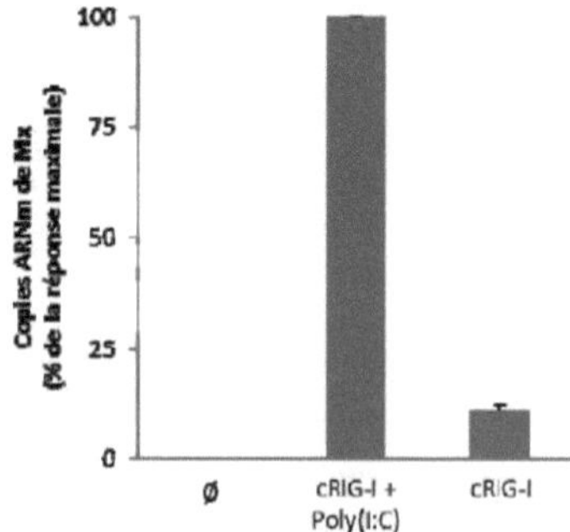

Figure 18 : cRIG-I induit la production d'ARNm de Mx dans les cellules de poulet après stimulation par du poly(I:C)
Des cellules DF-1 ont été transfectées avec les plasmides codant pour la protéine cRIG-I sauvage, puis stimulées, ou non, 24h après par transfection 170 ng de poly(I:C). La production d'ARNm Mx a été mesurée par qPCR 24h après la stimulation par le poly(I:C).

1.1.2. <u>F540 : un résidu fondamental de la liaison entre les domaines CARD2 et Hel2i</u>

Le résidu F540 est situé dans le sous-domaine Hel2i et établit des contacts hydrophobes avec des résidus du domaine CARD2. Afin d'inhiber ces interactions, les mutants RIG-I cF540A et cF540D ont été construits. L'effet de l'expression de ces protéines sur la production d'IFN et d'ARNm de Mx a alors été testé.

La transfection des mutants cF540A et cF540D a induit une forte production d'ARNm de Mx, contrairement à la transfection de la protéine RIG-I sauvage. En effet, la sur-expression des deux mutants cF540A et cF540D dans les cellules DF-1 a induit une production d'ARNm de Mx environ égale à 50% de la production maximale d'ARNm de Mx induite par la transfection de cRIG-I sauvage activé par du poly(I:C) (Figure 19B). La transfection de cRIG-I sauvage non stimulé n'a induit que 11% de la production maximale d'ARNm de Mx. Par ailleurs, cF540A et cF540D ont stimulé la production d'ARNm de Mx de façon dose-dépendante (Figure 19C). Le même phénomène a été observé en analysant la quantité d'IFN produite via la mesure de l'inhibition de l'infection par le VSV-GFP. Pour une quantité donnée d'ADN transfecté, cF540A et cF540D ont totalement inhibé l'infection par VSV-GFP contrairement au cRIG-I sauvage (Figure 19D). De plus, l'infection par VSV-GFP a été inhibée de façon dose-dépendante par cF540A et cF540D (Figure 19E). Le fort pouvoir stimulateur des mutants cF540A et cF540D a été observé malgré leur faible expression dans les cellules DF-1 (Figure 19A).

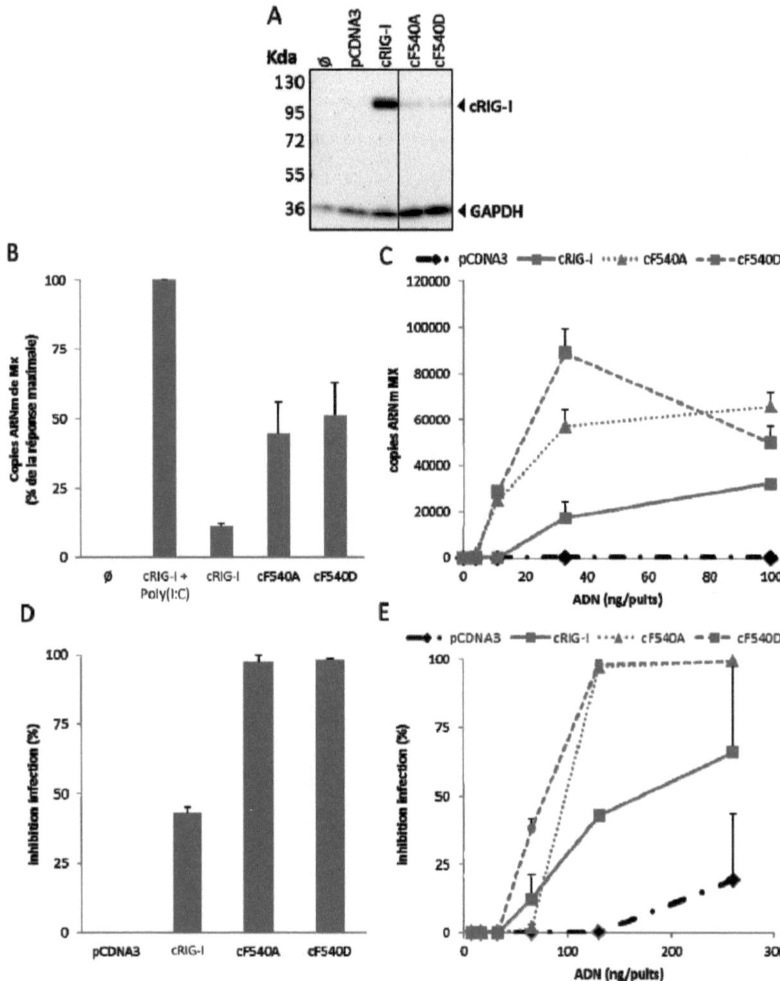

Figure 19 : Test fonctionnel des mutants cF540A et cF540D

(A) <u>Expression des mutants cRIG-I dans les cellules DF-1.</u> Les cellules DF-1 ont été transfectées avec les plasmides codant pour les différentes protéines cRIG-I portant l'étiquette Flag. L'expression a été vérifiée 48h après transfection par Western Blot.

(B, C) <u>Effet de la sur-expression des mutants cF540A et cF540D sur la production d'ARNm de Mx dans les cellules DF-1.</u> Les cellules DF-1 ont été transfectées avec les plasmides codant pour la protéine cRIG-I sauvage, un mutant cF540A, ou cF540D puis stimulées, ou non, 24h après par transfection de poly(I:C). La production d'ARNm Mx a été mesurée par qPCR 24h après la stimulation par le poly(I:C). Le nombre de copies d'ARNm de Mx est exprimé en pourcentage de la production maximale obtenue avec la transfection de cRIG-I sauvage et de poly(I:C).

(D, E) <u>Effet de la sur-expression des mutants cF540A et cF540D sur l'infection des cellules DF-1 par le virus VSV-GFP.</u> Les cellules DF-1 ont été transfectées avec les plasmides codant pour la protéine cRIG-I sauvage, le mutant cF540A ou cF540D. 24h après, les cellules ont été infectées par le VSV-GFP à une MOI de 10. Les cellules ont été récoltées pour une analyse par cytométrie en flux 18h après infection.

1.2. Correspondance entre le mécanisme d'activation de RIG-I humain et celui de RIG-I de canard

L'analyse des séquences des protéines RIG-I humaine (hRIG-I) et de canard sont proches. Elles partagent en effet 53% de similarités (Figure 20). En particulier, le résidu F540 de cRIG-I est conservé chez hRIG-I et correspond au résidu F539. Afin d'analyser le comportement des mutants hF539A et hF539D un test fonctionnel pour les protéines hRIG-I a été mis au point.

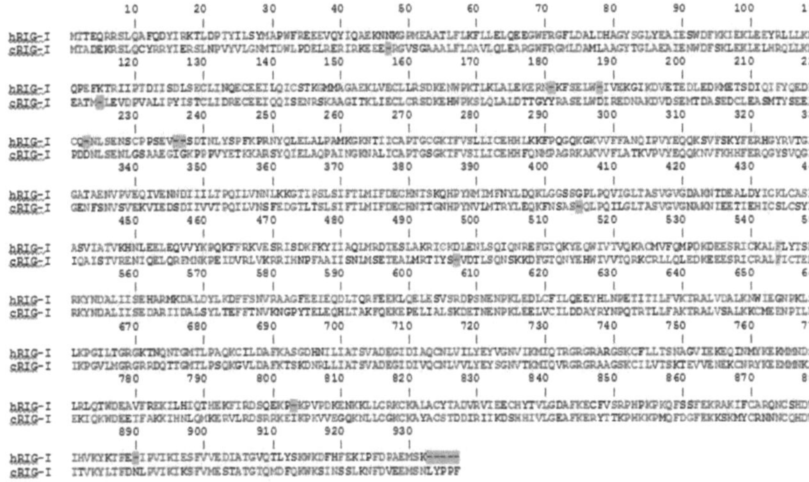

Figure 20 : Alignement des séquences protéiques de hRIG-I et cRIG-I
Les acides aminés « manquants » sont surlignés en bleu et la phénylalanine étudiée en jaune.

1.2.1. Mise au point du test fonctionnel permettant de tester l'activation de RIG-I humain

Comme expliqué précédemment, les cellules Huh7.5 sont théoriquement idéales pour tester la fonctionnalité de protéines hRIG-I mutées. En effet, ces cellules n'expriment ni le récepteur cytoplasmique MDA5, ni le récepteur membranaire TLR3. En outre, elles expriment une protéine hRIG-I complètement inactive, à cause de la mutation T55I inhibant le recrutement de MAVS (Binder et al., 2011; Gack et al., 2008; Li et al., 2005; Saito et al., 2007; Sumpter et al., 2005). Par ailleurs, le récepteur IFNAR2 est également faiblement exprimé (Damdinsuren et al., 2007). La réponse cellulaire à l'IFN de type I est donc peu développée. En effet, les cellules Huh7.5 ne répondent ni à la transfection de poly(I:C) ni à l'infection par les virus Sendai ou Influenza (Keskinen et al., 1999; Li et al., 2005). Nos tests fonctionnels réalisés avec ces cellules confirment certains des résultats précédents. La transfection de poly(I:C) dans des cellules Huh7.5 stimule le promoteur de l'IFN-β seulement lorsque RIG-I et MDA5 sont sur-exprimés (Figure S1, Article 1, p95). Les tests de détection de production d'ARNm de Mx et d'inhibition d'infection par le virus VSV-GFP, utilisés pour les analyses fonctionnelles des mutants cRIG-I, ne peuvent donc pas être appliqués dans les cellules Huh7.5. Par conséquent, un autre test fonctionnel a été mis au point pour réaliser les études fonctionnelles des mutants hRIG-I. Les cellules Huh7.5 ont été co-transfectées avec un plasmide codant pour la luciférase Firefly sous le contrôle du promoteur de l'IFN-β et un plasmide codant pour hRIG-I. La transfection de hRIG-I seule a induit une faible activation du promoteur de l'IFN-β (Figure 21). Par contre, alors que la transfection de poly(I:C) n'a pas activé le promoteur de l'IFN-β dans les cellules transfectée avec le plasmide d'expression vide, une forte activation du promoteur de l'IFN-β a été observée en présence de hRIG-I. Ce test permet donc l'étude fonctionnelle de protéines hRIG-I surexprimées dans les cellules via la détection de l'activation du promoteur de l'IFN-β.

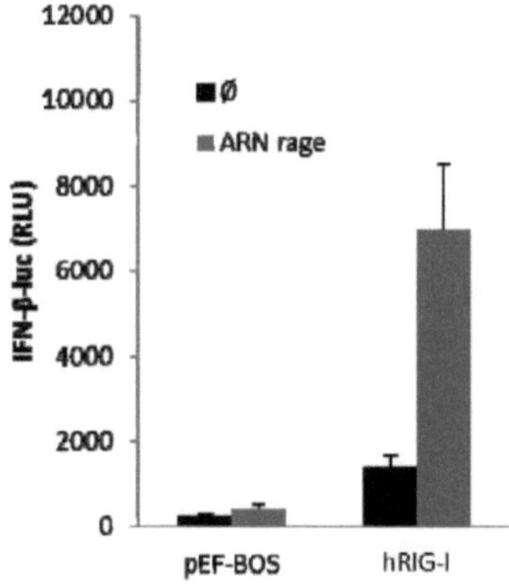

Figure 21 : Test de stimulation du promoteur IFN-β
Activation du promoteur IFN-β par hRIG-I stimulé. Les cellules Huh7.5 ont été co-transfectées avec les plasmides codant pour hRIG-I sauvage, ou le vecteur vide, et un plasmide codant pour le gène luciférase sous le contrôle du promoteur IFN-β. 24h après, les cellules ont été transfectées, ou pas, avec du poly(I:C) et l'activité luciférase a été mesurée encore 24h après.

1.2.2. F539 : un résidu fondamental de la liaison entre les domaines CARD2 et Hel2i

Une analyse fonctionnelle des mutants hF539A et hF539D a été réalisée avec le test de détection de la stimulation du promoteur IFN-β. Conformément aux résultats obtenus avec les mutants cRIG-I, la transfection des mutants hF539A et hF539D a fortement stimulé le promoteur de l'IFN-β contrairement à la transfection de hRIG-I sauvage (Figure 22B). Par ailleurs, le promoteur de l'IFN-β a été stimulé de façon dose-dépendante par les protéines mutées hRIG-I (Figure 22C). De façon intéressante, la mutation F->D a produit une protéine plus stimulatrice que la mutation F->A, à la fois pour hRIG-I (Figure 22) et cRIG-I (Figure 19). hF539D a pourtant été plus faiblement exprimé que hF539A dans les cellules Huh7.5 (Figure 22A). La mutation du résidu F539 pour la protéine humaine, ou F540 pour la protéine de canard, a donc conduit à une protéine constitutivement active.

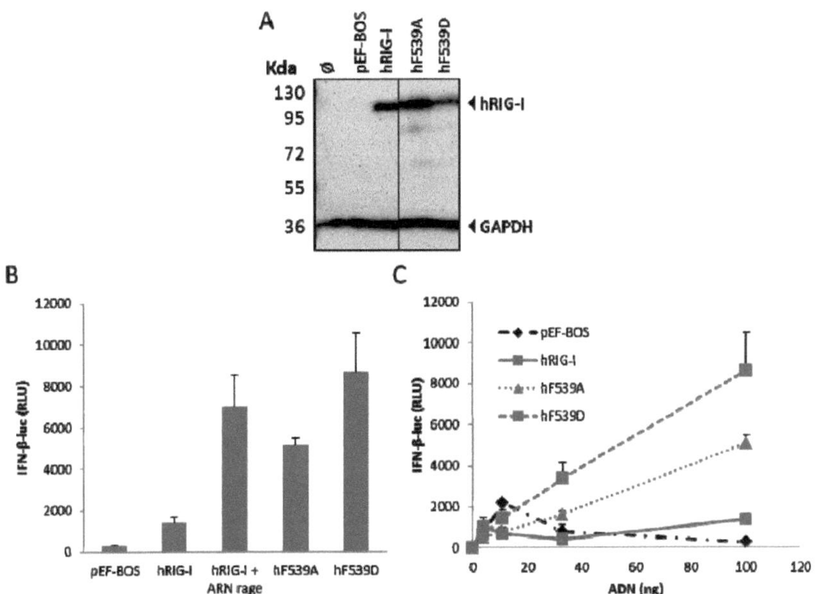

Figure 22 : Test fonctionnel des mutants hF539A et hF539D
(A) Expression des mutants hRIG-I dans les cellules Huh7.5. Les cellules Huh7.5 ont été transfectées avec les plasmides codant pour les différentes protéines hRIG-I portant l'étiquette Flag et l'expression a été vérifiée 48h après par Western Blot.
(B, C) Effet de la sur-expression des mutants hF539A et hF539D sur la stimulation du promoteur IFN-β. Les cellules Huh7.5 ont été co-transfectées avec les plasmides codant pour les protéines RIG-I humaine, sauvages ou mutées, et un plasmide codant pour le gène luciférase sous le contrôle du promoteur de l'IFN-β. 24h après, l'activité luciférase a été mesurée.

1.3. Étude de l'activation de RIG-I grâce à des mutations clés

Cette partie du travail est présentée sous forme d'article, en vue d'une publication après ajout de résultats complémentaires : Dissecting RIG-I activation mechanisms.

Les structures de cRIG-I obtenues par Kowalinski et al. ont permis de proposer une conformation auto-réprimée de la protéine en l'absence d'ARN agoniste (Kowalinski et al., 2011). Nous avons participé à ces travaux en apportant une preuve fonctionnelle de cette conformation auto-réprimée de RIG-I. En effet, comme montré précédemment, la perturbation de l'interaction entre CARD2 et Hel2i, via la mutation du résidu F539 chez l'homme ou F540 chez le canard, conduit à une protéine constitutivement active. Dans la continuité de cette étude, nous avons tenté de perturber l'interaction CARD2-Hel2i en insérant, cette fois-ci, des mutations dans le domaine CARD2. Les quatre mutants hP112A, h[P112A,M149A], h[P112A,T116K,M149A] et h[P112A,M149A,L185E] ont ainsi été construits. Au vu des structures publiées, les résidus P112, T116, M149 et L185 semblent interagir avec le résidu F539 (Kowalinski et al., 2011). Une analyse fonctionnelle de ces mutants a été réalisée en utilisant le test de détection de l'induction du promoteur de l'IFN-β dans les cellules Huh7.5. Alors que le mutant hP112A a été capable d'activer le promoteur de l'IFN-β, les trois autres mutants, comportant deux ou trois mutations, se sont montrés complètement inactifs. Ni la stimulation par du poly(I:C), ni celle par de l'ARNdb-5'ppp, n'ont activé le promoteur de l'IFN-β via les mutants h[P112A,M149A], h[P112A,T116K,M149A] ou h[P112A,M149A,L185E]. Ainsi, contrairement au phénotype constitutivement actif observé pour le mutant F539A, les mutants CARD2 ont affiché un phénotype inactif. Ce résultat laisse supposer un rôle des résidus mutés dans le mécanisme d'activation de RIG-I.

L'implication du domaine hélicase dans la reconnaissance de l'ARN a également été vérifiée. En particulier, les sous-domaines Hel1 et Hel2i établissent des contacts directs avec l'ARN (Civril et al., 2011; Kowalinski et al., 2011; Luo et al., 2011). Dans un premier temps, l'importance dans la liaison à l'ARN des résidus Q299 du motif Ia et Q380P du motif IIa, tous deux situés dans le sous-domaine Hel1, a été testée. Alors qu'une étude fonctionnelle a déjà mis en valeur le rôle du premier résidu dans la liaison à l'ARN, l'implication du second dans ce rôle a seulement été proposée à la suite d'études structurales (Kowalinski et al., 2011; Luo et al., 2011; Plumet et al., 2007). Les études fonctionnelles réalisées ont confirmé l'importance de ces résidus. En effet, les mutants Q299A et Q380P n'ont induit qu'une faible (mutation Q299A) voire inexistante (mutation Q380P) activation du promoteur de l'IFN-β après stimulation avec du poly(I:C). Par ailleurs des résidus du sous-domaine Hel2i ont également été identifiés dans la liaison à l'ARN (Kowalinski et al., 2011; Luo et al., 2011). Dans ce sens, les mutants de l'hélice-α 12 de Hel2i, h[Q507A,K508A,V514A], h[K508A,Q511A,K518A], h[K508A, Q511A, V514A,K518A] et h[Q507A,K508A, Q511A, V514A,K518A], ont totalement perdu leur capacité à induire le promoteur de l'IFN-β suite à une stimulation avec du poly(I:C) ou de l'ARNdb-5'ppp.

Une autre fonction du domaine hélicase, dont le rôle reste encore flou, est l'activité ATPase. L'activité enzymatique dépendant de l'ATP a dans un premier temps été identifiée comme cruciale pour l'activation de l'IFN. En effet, la mutation ponctuelle K270A, au niveau du site de liaison de l'ATP, a produit un mutant inactif (Saito et al., 2007; Yoneyama et al., 2004). Notre analyse fonctionnelle de ce mutant a montré qu'il ne répondait pas à la stimulation par un ARNdb-5'ppp mais qu'il était activé par du poly(I:C). Ce phénomène a également été observé avec le mutant E373Q, mutation permettant la fixation de l'ATP mais inhibant son hydrolyse (Civril et al., 2011; Gee et al., 2008). L'activation de RIG-I semble donc être différente en fonction du ligand reconnu. En effet, la stimulation de RIG-I par du poly(I:C) ne nécessite pas d'hydrolyse de l'ATP contrairement à l'activation par un ARNdb-5'ppp. Par ailleurs, le mutant E373Q, bien que répondant à la stimulation par le poly(I:C), a affiché un phénotype constitutivement actif, comparable au mutant F539A. Ce résultat laisse penser à un nouveau rôle de l'hydrolyse de l'ATP. L'hydrolyse de l'ATP pourrait empêcher l'activation illégitime de RIG-I à la suite d'une liaison avec un ARN non agoniste.

En conclusion, l'utilisation de mutations conçues rationnellement nous a permis de proposer des compléments quant au mécanisme d'activation de RIG-I. Les résidus du domaine CARD2 impliqués dans la liaison au sous-domaine Hel2i sont également essentiels à l'induction de l'IFN. Par ailleurs, l'activation de RIG-I intervient de façon différente en fonction du ligand. L'activation par du poly(I:C) ne nécessite ni la fixation, ni l'hydrolyse de l'ATP, contrairement à la stimulation par un ARNdb-5'ppp. Une autre information concernant l'hydrolyse de l'ATP a également été mise en avant, cette activité pourrait être nécessaire pour éviter l'activation illégitime de RIG-I.

ARTICLE 1

91

Dissecting RIG-I activation mechanisms

Jade Louber[1], Joanna Brunel[1], Eva Kowalinski[2,3], Stephen Cusack[2,3] and Denis Gerlier[1]

[1]Centre International de Recherche en Infectiologie, INSERM, U1111, CNRS, UMR5308, Université Lyon 1, ENS Lyon, CERVI, 21 Avenue Tony Garnier 69007 Lyon, France.

[2] European Molecular Biology Laboratory, Grenoble outstation, 6 rue Jules Horowitz, BP 181, 38042 Grenoble Cedex 9, France

[3]Unit of Virus Host-Cell Interactions, UJF-EMBL-CNRS, UMI 3265, 6 rue Jules Horowitz, BP181, 38042 Grenoble Cedex 9, France.

Manuscrit en préparation

ABSTRACT

Rapid triggering of innate immunity is primordial for host defense against virus infection. To this end, dedicated receptors detect microbe-associated molecular patterns. Cytoplasmic receptors RIG-I, MDA5 and LGP2 belong to the helicases superfamily 2 (SF2) also called duplex RNA activated ATPases (DRA). RIG-I and MDA5 recognized viral RNA and induce IFN response. They are composed of amino-terminal tandem CARDs, a central helicase and a C-terminal domain. Structural studies of RIG-I revealed the importance of the different sites of CARD2 and helicase domains in intra-molecular interaction, RNA recognition and ATP hydrolysis. To further understand the role played by specific site during RIG-I activation, we performed a functional analysis of rationally designed RIG-I mutants in a cell background avoiding endogenous interference. Results indicate that CARD2 residues involved in CARD2-HEL2i interaction are also crucial for RIG-I-mediated IFN induction. Moreover, we confirmed the key role of the different HEL subdomains in RNA recognition leading to RIG-I activation *in cellula*. Finally, the study of RIG-I-ATPase mutants revealed a difference in the recognition mode of a 5'triphosphated dsRNA and dsRNA mimic poly(I:C) and how ATP hydrolysis could regulate RIG-I activation.

INTRODUCTION

The first line of active defense against virus infection is supported by the innate immune system that is activated upon the detection of microbe-associated molecular patterns (MAMPs) by specific pattern-recognition receptors (PRRs) (Ranjan et al., 2009; Yoneyama and Fujita, 2009). The RIG-I-like receptors (RLRs) are cytoplasmic RNA helicases that can detect non-self RNA. The RLR family comprises three members: RIG-I (retinoic acid-inducible gene I), MDA5 (melanoma differentiation-associated protein 5) and LGP2 (laboratory of genetics and physiology 2). RIG-I and MDA5 detect virus infection and induce IFN response whereas LGP2 acts as a regulator of RIG-I/MDA5-mediated activation (Childs et al., 2013; Murali et al., 2008; Onoguchi et al., 2011; Yoneyama and Fujita, 2009).

RIG-I is composed of amino-terminal tandem CARDs (caspase activation and recruitment domains), a central helicase domain (HEL) and a C-terminal domain (CTD) (Figure 1). The CARDs domains mediate the signal transduction by recruiting the CARD-containing mitochondrial adaptor protein MAVS (mitochondrial antiviral signaling). MAVS is the central node which recruits the kinases responsible for converting several latent transactivators into activators of the type I interferon (IFN) genes (Seth et al., 2005; Yoneyama and Fujita, 2009). Via its concave and positively charged face, the CTD binds double-stranded RNA (dsRNA) with a high affinity for 5'-triphosphorylated end ($^{5'ppp}$) (Cui et al., 2008; Takahasi et al., 2009). The central HEL domain comprised three structural subdomains: two recA like helicases helicase1 (HEL1) and helicase 2 (HEL2), and a helicase insertion domain (HEL2i) located in the very beginning of HEL2. HEL is characterized by several conserved motifs. HEL1 contains motifs Q, I (Walker A), Ia, Ib, Ic, II (Walker B), IIa and III and HEL2 contains motifs IV, V, VI. Structural studies of human, duck and mouse RIG-I proteins have revealed the importance of the different motifs for RNA binding and ATP hydrolysis. In particular, motifs Ia-Ic, IIa, IV and V interact with dsRNA whereas motifs Q, I, Ia, II, III and VI bind ATP (Bamming and Horvath, 2009; Civril et al., 2011; Kowalinski et al., 2011; Luo et al., 2011). Moreover, in the absence of agonist RNA, HEL2i interacts with CARD2 via F539 residue. CARD2-HEL2i interaction is responsible for an auto-repressed conformation of RIG-I (Kowalinski et al., 2011).

To better understand the CARD2-HEL2i interaction and the importance of the different activity of HEL domain, we have performed a functional analysis of RIG-I proteins bearing rationally designed mutations. Functional analyses were performed in Huh7.5 cells selected to avoid obscuring data interpretation because of the contribution of endogenous innate immune response. Results indicate that CARD2 residues involved in CARD2-HEL2i interaction are crucial for RIG-I-mediated IFN induction, and the importance of individual HEL subdomains in RNA binding was confirmed. Modification of the HEL ATP binding site revealed that ATP binding and hydrolysis plays a distinct role and that recognition of dsRNA and poly(I:C) mimic is not equivalent.

MATERIELS AND METHODS

Cell culture and Transfections

Huh7.5 cells and A549 cells were maintained in Dulbecco's modified Eagle's medium (DMEM Gibco, Invitrogen) supplemented with 10% fetal calf serum (FCS, Gibco), 10 mM HEPES, 2 mM L-glutamine, 10 µg/mL gentamycine and 1% non-essential amino acids (NEAA) for Huh7.5 cells at 37°C and 5% CO_2. Transfections of DNA plasmids and RNA were performed using Transit-LT1 reagent (Mirus) and Oligofectamine reagent (Life technologies), respectively.

Plasmids

The cDNA coding for wild-type and variants of human RIG-I were subcloned into pEF-BOS expression vector using PCR amplification of cDNA fragments and the InFusion (Clontech) recombinant technique. Flag tag was added to RIG-I cDNA during the PCR amplification step. Every RIG-I insert construct was entirely verified by sequencing (Eurofins). pEF-MDA5-c-myc has been described in (Andrejeva et al., 2004).

Poly(IC) and RNA

Poly(IC) was purchased from Amersham Biosciences. Rabies leader 5'ppp-RNA (GGACGCUUAACAACAAAACCAGAGAAGAAAAAGACAGCGUCAAUUGCAAACGAAAAAUGUGC), was T7 transcribed and purified by excising the band from a denaturing urea-PAGE (Kowalinski et al., 2011). The 61-mer-5'ppp-dsRNA was obtained by annealing two T7 transcribed and purified complementary 61-mer-5'ppp-ssRNA (GGUCCUGUCUGUUGUCGGUCUCGUUUGUUGCGUGUCCGUGUUCGCCUUGGUUCCCCGGUGCC) and (CCAGGACAGACAACAGCCAGAGCAAACAACGCACAGGCACAAGCGGAACCAAGGGGCCACGG). Both 61-mer-5'ppp-ssRNA contain only three nucleotides to avoid the formation of secondary structure and the production of double-stranded side products RNA often generate by the T7 polymerase (Marq et al., 2011).

Luciferase assay

Huh7.5 cells were seeded into 96-well plates and, 18 h later, transfected with 50 ng IFN-β-luciferase construct, 17 ng renilla luciferase and 33 ng RIG-I construct. 24 h after DNA transfection, cells were transfected with poly(I:C) or synthetic RNA. 24h later, unless otherwise indicated, the luciferase assay was performed using the Dual-Glo system from Promega. Firefly luciferase values were normalized to renilla luciferase used as a probe for transfection efficiency. Data were expressed either in relative luciferase unit (RLU) or in % of luciferase normalized to the signal induced by transfected wt RIG-I in the absence of RNA ligand according to the formula:

$$\% \text{ wt w/o RNA} = \frac{[\text{RLU of test} - \text{RLU of mock transfected cells}]}{[\text{RLU of wt w/o RNA} - \text{RLU of mock transfected cells}]}$$

An example of both types of data presentation on three experimental conditions can be found in Figure S1.

Immunoblot analysis

Transfected cells were lysed in NP-40 buffer (50 mM Tris HCl pH 7.4, 150 mM NaCl, 0.6% NP-40, 1 mM EDTA) for 20 minutes on ice. The proteins were then separated from the cells debris by centrifugation at 13,000 g during 10 minutes. The proteins were denatured by the addition of Laemmli 1X loading buffer and heating at 100°C for 3 minutes before analysis by SDS-PAGE and immunoblotting using anti-Flag (1:1,000 ; M2, Sigma), and anti-GAPDH (1:2000; Millipore) monoclonal antibodies and anti-C-Myc (1:50 ; Clontech 3801-1) polyclonal antibody.

RESULTS

Rational for choosing the Huh7.5 cell line as a readout host for RLR functional analysis

The activation of the intrinsic innate immunity is very complex and tightly regulated with both strong positive and negative feedbacks including induction of the overexpression of the RLR genes and IFNAR mediated amplification of the IFN response (Dixit and Kagan, 2013; Yoneyama and Fujita, 2009). Consequently any comprehensive functional analysis of RLR should be performed in a cell line best suited for the particular aspect that is targeted for analysis. Because we wanted to explore the early events of RNA recognition by RIG-I leading to its activation state, we selected the 7.5 subclone of the hepatoma carcinoma Huh7 cell line. This cell is deficient in both RLR and TLR expression or function and poorly respond to type I IFN. It does not respond to exogenously applied or transfected poly(I:C) (Figure S1) as well as to infection with Sendai and influenza virus and has a disabled IFNAR signaling (Keskinen et al., 1999; Li et al., 2005). Indeed, it lacks expression of TLR3, expresses (at a low level) the debilitated T55I RIG-I mutant, lacks expression of MDA5 and very poorly expresses IFNAR (Binder et al., 2011; Eguchi et al., 2000; Li et al., 2005; Sumpter et al., 2005). Importantly, Huh7.5 cells have a functional transducing machinery downstream to the RLR as revealed by successful activation of IFN-β promoter after poly(I:C) or 5'ppp RNA stimulation in the presence of either RIG-I or MDA5 expressed in trans (Figure S1) (Plumet et al., 2007; Sumpter et al., 2005).

Functional study of CARD mutants of RIG-I protein

RIG-I protein comprises two CARDs at its N-extremity responsible for signal transduction. In absence of agonist RNA, RIG-I is in an auto-repressed state. The binding of CARD2 to Helicase HEL2i hinders both dsRNA binding to the HEL and access of ubiquitination enzymes, thus inhibiting signaling via MAVS (Kowalinski et al., 2011). Four RIG-I mutants were constructed to harbor mutations in CARD2 positions that, according to the full length duck RIG-I crystal structure (PDB 4A2W), appears to tighten its binding to the HEL2i domain via hydrophobic interactions with the F539 residue: RIG-I_CARD1[P112A] RIG-I_CARD[P112A,M149A], RIG-I_CARD[P112A,T116K,M149A], RIG-I_CARD[P112A,M149A,L185E]. On one hand, despite being strongly expressed after transfection in Huh7.5 cells, the three variants associating 2 or 3 mutations exhibited an inactive phenotype similar to the negative control RIG-I_CARD1[T55I] mutant after poly(IC) or dsRNA stimulation. On the other hand, the RIG-I_CARD1[P112A] mutant activated the IFN-β promoter almost as efficiently as did its wt counterpart (Figure 2).

Multiplicity of critical RNA binding sites of RIG-I HEL domain for signal transduction

Crystal structures of RIG-I HEL with dsRNA have revealed a complex network of HEL residues belonging to several HEL subdomains that interact with dsRNA. Two point mutations Q299A and Q380A were separately introduced in the HEL1 subdomain. Within the Ia motif, Q299 precedes I300, the main-chain amide of which binds to the phosphate of the second nucleotide (quoted 2* according to (Kowalinski et al., 2011)) and has been found to inhibit RIG-I binding to an *in vitro* transcribed mimic of measles leader RNA (Plumet et al., 2007) and within the IIa motif, Q380 is a phosphate binding site for the 5′ strand of dsRNA (Kowalinski et al., 2011). Both individual mutants were deficient in signal transduction upon stimulation with poly(I:C) or $^{5'ppp}$dsRNA (Figure 3). As a control the Q336A mutant located in the α-helix 17 between motifs Ib and Ic exhibit a subnormal phenotype. Four combined mutations in HELI2i subdomain of residues facing the dsRNA ligand [Q507A,K508A,V514A], [K508A,Q511A,K518A], [K508A, Q511A, V514A,K518A] and [Q507A,K508A, Q511A, V514A,K518A] resulted in RIG-I proteins that have lost their signal transduction property upon stimulation with both type of RNAs (Figure 4).

Altering the ATPase enzymatic site has a differential effect on signal transduction upon recognition of $^{5'ppp}$dsRNA and dsRNA mimic poly(I:C).

To evaluate the role of ATPase activity of RIG-I in its ability to transduce a signal *in cellula*, the K270A mutation which prevents ATP fixation/ATP hydrolysis and the E373Q mutation that allows ATP binding, but prevents its hydrolysis were studied (Civril et al., 2011; Gee et al., 2008; Saito et al., 2007; Yoneyama et al., 2004). The K270A mutant was inactive upon stimulation by $^{5'ppp}$dsRNA, but surprisingly responded to poly(I;C) stimulation and also displayed a level background activation of the IFN-β promoter similar to wtRIG-I (Figure 5A). This phenotype was reproducibly observed at various time post stimulation with poly(I:C) (Figures S2-S3) and was statistically supported (Figure 5B). By comparison, transfection of a RIG-I "ko" construct with deleterious mutations in CARD1 (T55I), ATPase (K270A), HEL (T697A, E702A) and CTD (K888A,K907A) neither induced basal activation of IFN-β promoter nor enhancement in the presence of Poly(I:C) or $^{5'PPP}$dsRNA. The E373Q mutant displayed a significant and reproducible enhancement of basal activation of IFN-β promoter suggesting some constitutive activity equivalent to that of the Hel2i F539A mutant but not as strong as the F539D mutant (Figures 5A, B, S2and S3). Addition of poly(I:C) further increased this activity while the presence of $^{5'PPP}$dsRNA was neutral.

DISCUSSION

Despite intensive analyses, the mechanism of RIG-I activation remains only partly understood. According to current knowledge, in the absence of viral infection, RIG-I is expressed at a low level in an auto-repressed state with the CARD2 domain bound to the Hel2i subdomain. The HEL2i F539 residue is engaged in this crucial bond, since mutations F539A/D lead to the expression of a constitutive active RIG-I protein (Kowalinski et al., 2011). To our surprise, abolishing the CARD2-HEL2i interaction by mutating the CARD2 domain counterpart residues P112, T116, M149 and L185, that interact with F539 residue, resulted in a completely inactive RIG-I. Tandem CARD domains are necessary for signal induction (Saito et al., 2007; Yoneyama et al., 2004). When they become free upon dsRNA binding, they are submitted to several post-translational modifications. In particular, they need to be ubiquitinated by TRIM25 and/or RIPLET before they can recruit MAVS (Gack et al., 2007, 2008; Oshiumi et al., 2009, 2013; Yoneyama and Fujita, 2009; Zeng et al., 2010). The loss-of-function phenotype of our CARD2 mutants indicates that the mutated residues are also engaged in RIG-I signaling. Concealment of those residues in CARD2-HEL2i interaction could therefore reinforce the efficacy of the RIG-I auto-repressed conformation. Indeed, P112 seems to be involved in K63 polyubiquitin chains attachment to RIG-I (Jiang et al., 2012), and the P112A mutation was found to inhibit the ability of RIG-I to activate IRF3 in an acellular reconstitution assay. However, in our *in cellula* assay, the P112A variant exhibited almost a wt phenotype, and only its combination with other mutations abolished RIG-I function. Thus, the crucial partner involving CARD2 P112, T116, M149 and/or L185 residues remains to be deciphered.

Crystal structures of dsRNA bound to RIG-I helicase have revealed many contacts between the protein and the nucleic acid. In accordance with the canonical functions of the various conserved helicase motifs (Linder and Jankowsky, 2011) and the footprint spanning over 9-10 bp of dsRNA (Kowalinski et al., 2011), the SF2 helicase family conserved motifs primarily involved in RNA binding are motifs Ia (Kowalinski & Luo), Ib & Ic (Luo), IIa (Kowalinski & Luo), IV (Kowalinski) & V (Bamming). Critical residues for dsRNA recognition *in cellula* are remarkably scattered all over the HEL domain with Q299 (Ia, this work and (Plumet et al., 2007)), Q380 (IIa, this work), Q507, K508, Q511, V514, and K518 (HEL2i, α-helix 12, this work), T697/D701 (V/Va) (Bamming and Horvath, 2009). The dsRNA contacting HEL2i residues have been concurrently described in new crystal structures to make sequential contacts between K508 and Q511 residues with several base pairs along the dsRNA upon transitions during ATP-binding/hydrolysis cycle, to ensure a well-ordered scanning movements of the HEL2i domain along a 10-mer dsRNA (Kohlway et al., 2013). Together with our results, this scanning movement of Hel2i on dsRNA appears to be essential for RIG-I-mediated signaling.

HEL1 and HEL2 are RecA-like domains involved in binding to both nucleic acids and ATP (Fairman-Williams et al., 2010; Myong et al., 2009). As expected, ATP binding by RIG-I appeared crucial for RIG-I signaling with the loss of function of the K270A mutant, located at the Walker-type ATP-binding site responsible for HEL binding to ATP (Yoneyama et al., 2004) (Bamming and Horvath, 2009). Accordingly, we found RIG-I-K270A unable to be activated with $^{5'PPP}$dsRNA. Curiously, RIG-I-K270A was still responsive to poly(I:C), a finding that was previously left unnoticed by Bamming et al. in 2fTGH cells (Bamming and Horvath, 2009, figure 3D). When ATP hydrolysis is selectively prevented by introducing the E373Q mutation (corresponding to the ATPase null mutant of murine RIG-I-E374Q (Civril et al., 2011)), human RIG-I is constitutively active and no longer respond to $^{5'PPP}$dsRNA. However, as observed with the K270A mutant, E373Q mutant is still reactive to poly(I:C). Thus activation of RIG-I upon recognition of cognate natural $^{5'PPP}$dsRNA requires both ATP binding and hydrolysis activation while its activation by poly(I:C) requires neither ATP binding nor its hydrolysis. Poly(I:C) could bind to RIG-I HEL domain in a more steady way than short $^{5'PPP}$dsRNA and therefore RIG-I-poly(I:C) complex would not need stabilization with ATP fixation to induce IFN.

What could be the meaning of the constitutively active phenotype of RIG-I-E373Q mutant? The role of the helicase ATPase activity is still unclear. ATP hydrolysis allows RIG-I to translocate along long enough dsRNA without unwinding it (Myong et al., 2009). By doing so, it liberates the $^{5'PPP}$dsRNA binding site on the CTD for recruitment of another RIG-I molecules, thus allowing the accumulation of several RIG-I that become bridged together on a single $^{5'PPP}$dsRNA. This mechanism explain the ill-defined RIG-I oligomerization process (Patel et al., 2013). Because RNA recognition by RIG-I HEL relies on dsRNA, a feature that is commonly found in tertiary structure of cellular RNA, we propose that, in the absence of pathogen derived RNA, background ATP hydrolysis occurs to prevent illegitimate RIG-I activation upon uneven association of RIG-I with some cellular RNA, hence explaining basal constitutive activity of RIG-I-E373Q mutant.

In conclusion, we propose the following model of RIG-I activation. In absence of agonist viral RNA, RIG-I is both expressed at a low level and maintained in an auto-repressed state with concealment of the signaling recruitment site of CARD2 by its binding to HEL2i residue F539. When the CTD capture a viral dsRNA ligand (mainly via interaction with a 5' triphosphate end), HEL domain tightens the binding by wrapping dsRNA, with HEL1 and HEL2 moving to form an active ATP-binding site (Civril et al., 2011; Kowalinski et al., 2011). ATP-binding stabilizes RIG-I:RNA complex and the free CARDs can interact with their partners. When dsRNA length is long enough, the ATP-hydrolysis allows HEL2i scanning the dsRNA and translocation of RIG-I to form dsRNA string pearled with multiple RIG-I (Kohlway et al., 2013). When dsRNA is too short, the ATP hydrolysis destabilizes the active RIG-I:RNA complex and triggers either recycling or degradation of RIG-I. Any low affinity binding of some cellular dsRNA moieties to RIG-I HEL domain that would lead to illegitimate activation of RIG-I is immediately blocked by HEL-RNA dissociation driven by the hydrolysis of ATP.

Acknowledgements : The authors thank S. Goodbourn for providing us with wt hMDA5 construct and C. Rice for providing us with Huh7.5 cell line. This work was supported by grants from FINOVI and from the ANR Cardinnate (ANR12-BSV3-0010-01).

REFERENCES

Andrejeva, J., Childs, K.S., Young, D.F., Carlos, T.S., Stock, N., Goodbourn, S., and Randall, R.E. (2004). The V proteins of paramyxoviruses bind the IFN-inducible RNA helicase, mda-5, and inhibit its activation of the IFN-beta promoter. Proc. Natl. Acad. Sci. U. S. A. *101*, 17264–17269.

Bamming, D., and Horvath, C.M. (2009). Regulation of signal transduction by enzymatically inactive antiviral RNA helicase proteins MDA5, RIG-I, and LGP2. J. Biol. Chem. *284*, 9700–9712.

Binder, M., Eberle, F., Seitz, S., Mücke, N., Hüber, C.M., Kiani, N., Kaderali, L., Lohmann, V., Dalpke, A., and Bartenschlager, R. (2011). Molecular mechanism of signal perception and integration by the innate immune sensor retinoic acid-inducible gene-I (RIG-I). J. Biol. Chem. *286*, 27278–27287.

Childs, K.S., Randall, R.E., and Goodbourn, S. (2013). LGP2 plays a critical role in sensitizing mda-5 to activation by double-stranded RNA. Plos One *8*, e64202.

Civril, F., Bennett, M., Moldt, M., Deimling, T., Witte, G., Schiesser, S., Carell, T., and Hopfner, K.-P. (2011). The RIG-I ATPase domain structure reveals insights into ATP-dependent antiviral signalling. EMBO Rep. *12*, 1127–1134.

Cui, S., Eisenächer, K., Kirchhofer, A., Brzózka, K., Lammens, A., Lammens, K., Fujita, T., Conzelmann, K.-K., Krug, A., and Hopfner, K.-P. (2008). The C-terminal regulatory domain is the RNA 5′-triphosphate sensor of RIG-I. Mol. Cell *29*, 169–179.

Dixit, E., and Kagan, J.C. (2013). Intracellular pathogen detection by RIG-I-like receptors. Adv. Immunol. *117*, 99–125.

Eguchi, H., Nagano, H., Yamamoto, H., Miyamoto, A., Kondo, M., Dono, K., Nakamori, S., Umeshita, K., Sakon, M., and Monden, M. (2000). Augmentation of antitumor activity of 5-fluorouracil by interferon alpha is associated with up-regulation of p27Kip1 in human hepatocellular carcinoma cells. Clin. Cancer Res. Off. J. Am. Assoc. Cancer Res. *6*, 2881–2890.

Fairman-Williams, M.E., Guenther, U.-P., and Jankowsky, E. (2010). SF1 and SF2 helicases: family matters. Curr. Opin. Struct. Biol. *20*, 313–324.

Gack, M.U., Shin, Y.C., Joo, C.-H., Urano, T., Liang, C., Sun, L., Takeuchi, O., Akira, S., Chen, Z., Inoue, S., et al. (2007). TRIM25 RING-finger E3 ubiquitin ligase is essential for RIG-I-mediated antiviral activity. Nature *446*, 916–920.

Gack, M.U., Kirchhofer, A., Shin, Y.C., Inn, K.-S., Liang, C., Cui, S., Myong, S., Ha, T., Hopfner, K.-P., and Jung, J.U. (2008). Roles of RIG-I N-terminal tandem CARD and splice variant in TRIM25-mediated antiviral signal transduction. Proc. Natl. Acad. Sci. U. S. A. *105*, 16743–16748.

Gee, P., Chua, P.K., Gevorkyan, J., Klumpp, K., Najera, I., Swinney, D.C., and Deval, J. (2008). Essential Role of the N-terminal Domain in the Regulation of RIG-I ATPase Activity. J. Biol. Chem. *283*, 9488–9496.

Jiang, X., Kinch, L., Brautigam, C.A., Chen, X., Du, F., Grishin, N., and Chen, Z.J. (2012). Ubiquitin-Induced Oligomerization of the RNA Sensors RIG-I and MDA5 Activates Antiviral Innate Immune Response. Immunity *36*, 959–973.

Keskinen, P., Nyqvist, M., Sareneva, T., Pirhonen, J., Melén, K., and Julkunen, I. (1999). Impaired antiviral response in human hepatoma cells. Virology *263*, 364–375.

Kohlway, A., Luo, D., Rawling, D.C., Ding, S.C., and Pyle, A.M. (2013). Defining the functional determinants for RNA surveillance by RIG-I. EMBO Rep.

Kowalinski, E., Lunardi, T., McCarthy, A.A., Louber, J., Brunel, J., Grigorov, B., Gerlier, D., and Cusack, S. (2011). Structural basis for the activation of innate immune pattern-recognition receptor RIG-I by viral RNA. Cell *147*, 423–435.

Li, K., Chen, Z., Kato, N., Gale, M., Jr, and Lemon, S.M. (2005). Distinct poly(I-C) and virus-activated signaling pathways leading to interferon-beta production in hepatocytes. J. Biol. Chem. *280*, 16739–16747.

Linder, P., and Jankowsky, E. (2011). From unwinding to clamping - the DEAD box RNA helicase family. Nat. Rev. Mol. Cell Biol. *12*, 505–516.

Luo, D., Ding, S.C., Vela, A., Kohlway, A., Lindenbach, B.D., and Pyle, A.M. (2011). Structural insights into RNA recognition by RIG-I. Cell *147*, 409–422.

Marq, J.-B., Hausmann, S., Veillard, N., Kolakofsky, D., and Garcin, D. (2011). Short double-stranded RNAs with an overhanging 5' ppp-nucleotide, as found in arenavirus genomes, act as RIG-I decoys. J. Biol. Chem. *286*, 6108–6116.

Murali, A., Li, X., Ranjith-Kumar, C.T., Bhardwaj, K., Holzenburg, A., Li, P., and Kao, C.C. (2008). Structure and function of LGP2, a DEX(D/H) helicase that regulates the innate immunity response. J. Biol. Chem. *283*, 15825–15833.

Myong, S., Cui, S., Cornish, P.V., Kirchhofer, A., Gack, M.U., Jung, J.U., Hopfner, K.-P., and Ha, T. (2009). Cytosolic Viral Sensor RIG-I Is a 5'-Triphosphate–Dependent Translocase on Double-Stranded RNA. Science *323*, 1070–1074.

Onoguchi, K., Yoneyama, M., and Fujita, T. (2011). Retinoic acid-inducible gene-I-like receptors. J. Interf. Cytokine Res. Off. J. Int. Soc. Interf. Cytokine Res. *31*, 27–31.

Oshiumi, H., Matsumoto, M., Hatakeyama, S., and Seya, T. (2009). Riplet/RNF135, a RING finger protein, ubiquitinates RIG-I to promote interferon-beta induction during the early phase of viral infection. J. Biol. Chem. *284*, 807–817.

Oshiumi, H., Miyashita, M., Matsumoto, M., and Seya, T. (2013). A Distinct Role of Riplet-Mediated K63-Linked Polyubiquitination of the RIG-I Repressor Domain in Human Antiviral Innate Immune Responses. Plos Pathog. *9*, e1003533.

Patel, J.R., Jain, A., Chou, Y.-Y., Baum, A., Ha, T., and García-Sastre, A. (2013). ATPase-driven oligomerization of RIG-I on RNA allows optimal activation of type-I interferon. EMBO Rep.

Plumet, S., Herschke, F., Bourhis, J.-M., Valentin, H., Longhi, S., and Gerlier, D. (2007). Cytosolic 5'-triphosphate ended viral leader transcript of measles virus as activator of the RIG I-mediated interferon response. Plos One *2*, e279.

Ranjan, P., Bowzard, J.B., Schwerzmann, J.W., Jeisy-Scott, V., Fujita, T., and Sambhara, S. (2009). Cytoplasmic nucleic acid sensors in antiviral immunity. Trends Mol. Med. *15*, 359–368.

Saito, T., Hirai, R., Loo, Y.-M., Owen, D., Johnson, C.L., Sinha, S.C., Akira, S., Fujita, T., and Gale, M. (2007). Regulation of innate antiviral defenses through a shared repressor domain in RIG-I and LGP2. Proc. Natl. Acad. Sci. U. S. A. *104*, 582–587.

Seth, R.B., Sun, L., Ea, C.-K., and Chen, Z.J. (2005). Identification and characterization of MAVS, a mitochondrial antiviral signaling protein that activates NF-kappaB and IRF 3. Cell *122*, 669–682.

Sumpter, R., Loo, Y.-M., Foy, E., Li, K., Yoneyama, M., Fujita, T., Lemon, S.M., and Gale, M. (2005). Regulating Intracellular Antiviral Defense and Permissiveness to Hepatitis C Virus RNA Replication through a Cellular RNA Helicase, RIG-I. J. Virol. *79*, 2689–2699.

Takahasi, K., Kumeta, H., Tsuduki, N., Narita, R., Shigemoto, T., Hirai, R., Yoneyama, M., Horiuchi, M., Ogura, K., Fujita, T., et al. (2009). Solution structures of cytosolic RNA sensor MDA5 and LGP2 C-terminal domains: identification of the RNA recognition loop in RIG-I-like receptors. J. Biol. Chem. *284*, 17465–17474.

Yoneyama, M., and Fujita, T. (2009). RNA recognition and signal transduction by RIG-I-like receptors. Immunol. Rev. *227*, 54–65.

Yoneyama, M., Kikuchi, M., Natsukawa, T., Shinobu, N., Imaizumi, T., Miyagishi, M., Taira, K., Akira, S., and Fujita, T. (2004). The RNA helicase RIG-I has an essential function in double-stranded RNA-induced innate antiviral responses. Nat. Immunol. *5*, 730–737.

Zeng, W., Sun, L., Jiang, X., Chen, X., Hou, F., Adhikari, A., Xu, M., and Chen, Z.J. (2010). Reconstitution of the RIG-I pathway reveals a signaling role of unanchored polyubiquitin chains in innate immunity. Cell *141*, 315–330.

Figures legend

Figure 1. Modular domain organization of RIG-I and location of amino acid substitution investigated in this study. RIG-I is composed of two CARD domains (CARD1 in purple and CARD2 in dark blue), a central helicase domain made of three subdomains (HEL1 in green, HEL2 in turquoise-blue and HEL2i in yellow inserted at the beginning of HEL2), and a C-terminal domain (CTD in orange). A pincer domain (in red) serves as a link between HEL2 and CTD. HEL motifs involved in ATP binding or RNA binding are represented in blue and red, respectively and in violin when involved in both of them.

Figure 2. Functional activity of RIG-I CARD1 (T55I) or CARD2 (others) mutants in Huh7.5 cells unstimulated (white columns), or stimulated with poly(I:C) (grey columns) or 61-mer jun $^{5'ppp}$dsRNA (black columns). The ability to activate human IFN-β promoter was measured at 24 h post RNA transfection. Data are expressed in fold response of wt RIG-I w/o RNA with baseline set up to 1 (i.e. activity of wt RIG-I expressed alone). Data are in mean +/- s.d. of three independent replicate. See Figure S1 for controls (same experiment). Expression level of RIG-I proteins determined by western blot is shown at the bottom.

Figure 3. Functional activity of RIG-I HEL1 mutants in Huh7.5 cells unstimulated (white columns), or stimulated with poly(I:C) (grey columns) or 61-mer jun $^{5'ppp}$dsRNA (black columns). Same legend than figure 2.

Figure 4. Functional activity of RIG-I HEL2i mutants in Huh7.5 cells unstimulated (white columns), or stimulated with poly(I:C) (grey columns) or 61-mer jun $^{5'ppp}$dsRNA (black columns). Same legend than figure 2. Note that for two mutants (middle), the cell extract load for western blot analysis was lower than the other two as shown by the reduced GAPDH signal, hence explaining their apparent lower RIG-I signal in western blot.

Figure 5. Functional activity of RIG-I ATPase mutants in Huh7.5 cells unstimulated (white columns), or stimulated by poly(I:C) (grey columns) or 61-mer jun $^{5'ppp}$dsRNA (black columns). (A) Data from a single experiment. Same legend than figure 2. Data for Ø, wt and RIG^{ko} are identical to those shown in Figure S1 (same experiment). (B) Statistical analysis (non parametric Wilcoxon's test) of cumulative data of 6-8 experiments with ns 2a >0.05, ** 2a <0.02, *** 2a <0.01.

Figure S1. Huh7.5 cells are deficient in intrinsic innate immunity. (A) Inability of Huh7.5 cells to mount an antiviral response after transfection of rabies leader 5'pppRNA or poly(I:C) or infection with measles virus (MeV) at MOI =1. Fully IFN competent A549 cells were used as controls. (B-C) Human IFN-β promoter activity after expression or not of exogenous wt MDA5 (B), RIG-I (wt) and disabled RIG-I (RIG-I^{ko}) (C) without (white columns) or with stimulation with 10 ng of poly(I:C) (grey columns) or 4 ng of 61-mer $^{5'ppp}$dsRNA (black columns). In (C) data are expressed as luciferase expression (left graph)) and % of luciferase expression normalized to wt RIG-I expression without RNA stimulation (right graph) with baseline set up to 1, i.e. the signal induced by wt RIG-I expression without RNA stimulation. Measure has been made 24 h after RNA transfection and data are in mean +/- s.d. of three independent replicate. (B & C, bottom) MDA5, RIG-I and control GAPDH protein expression determined by western blot.

Figure S2. Functional activity of RIG-I ATPase mutants in Huh7.5 cells (deficient in RIG-I, MDA5 and IFNAR signalling). Cells were transfected with RIG-I or empty expression vector and stimulated or not 24 h later by transfection with poly(I:C) (left panels) or 61-mer jun $^{5'ppp}$dsRNA (right panels). The ability to activate human IFN-β promoter was measured from top to bottom at 18 h, 24 h, 42 h and 48 h after RNA transfection.

Figure S3. Functional activity of RIG-I ATPase mutants in Huh7.5 cells (deficient in RIG-I, MDA5 and IFNAR signalling). Cells were transfected with RIG-I or empty expression vector and stimulated or not 24 h later by transfection with poly(I:C) (left panels) or 61-mer jun $^{5'ppp}$dsRNA (right panels). The ability to activate human IFN-β promoter was measured at 24 h (top panels) and 42 h (bottom panels) after RNA transfection. (Repeat of figure S2 by another operator).

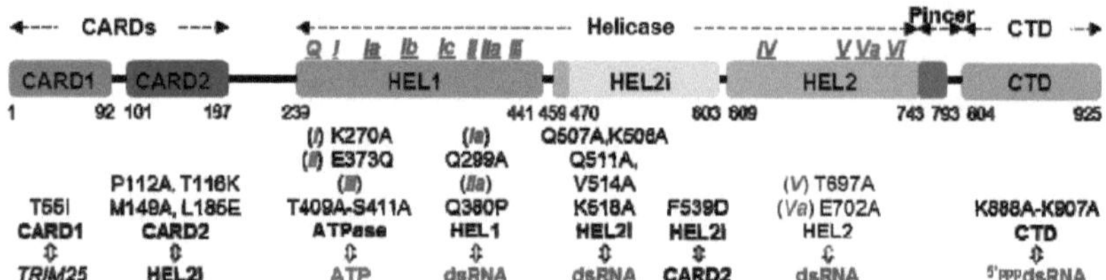

Figure 1

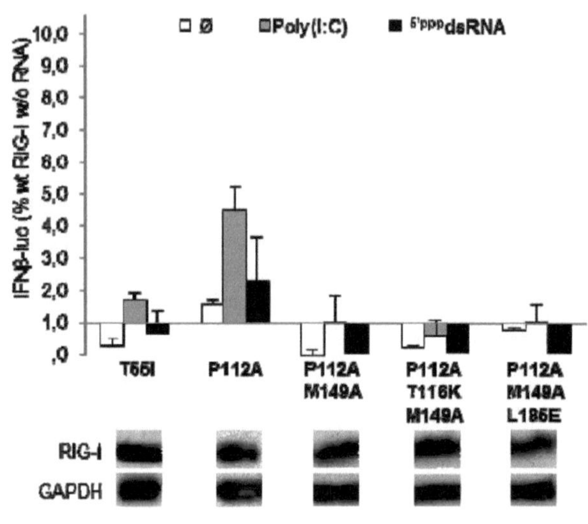

Figure 2

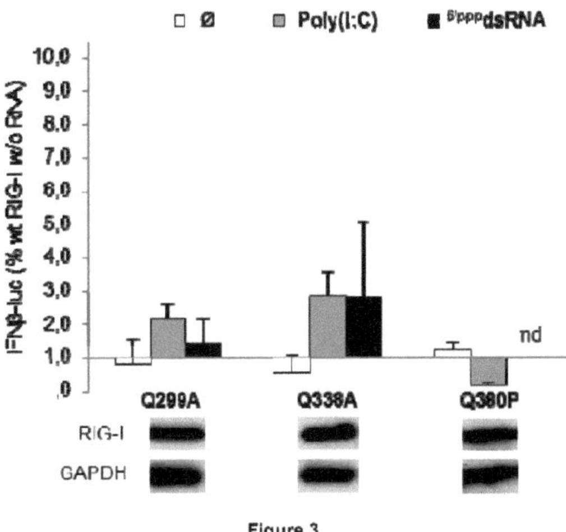

Figure 3

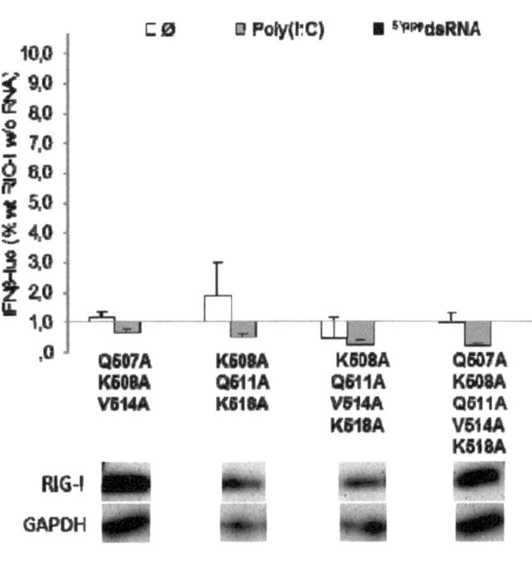

Figure 4

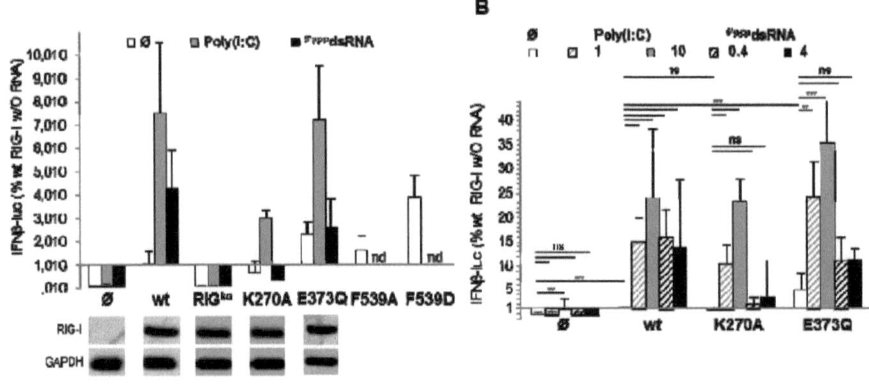

Figure 5

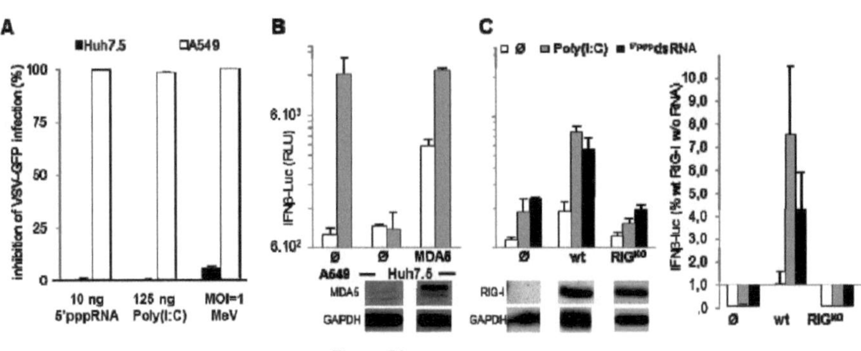

Figure S1

18 h
24 h
42 h
48 h
Poly(I:C)
IFNβ-luc (RLU)
ATPase variant
Ø wt K270A E373QA

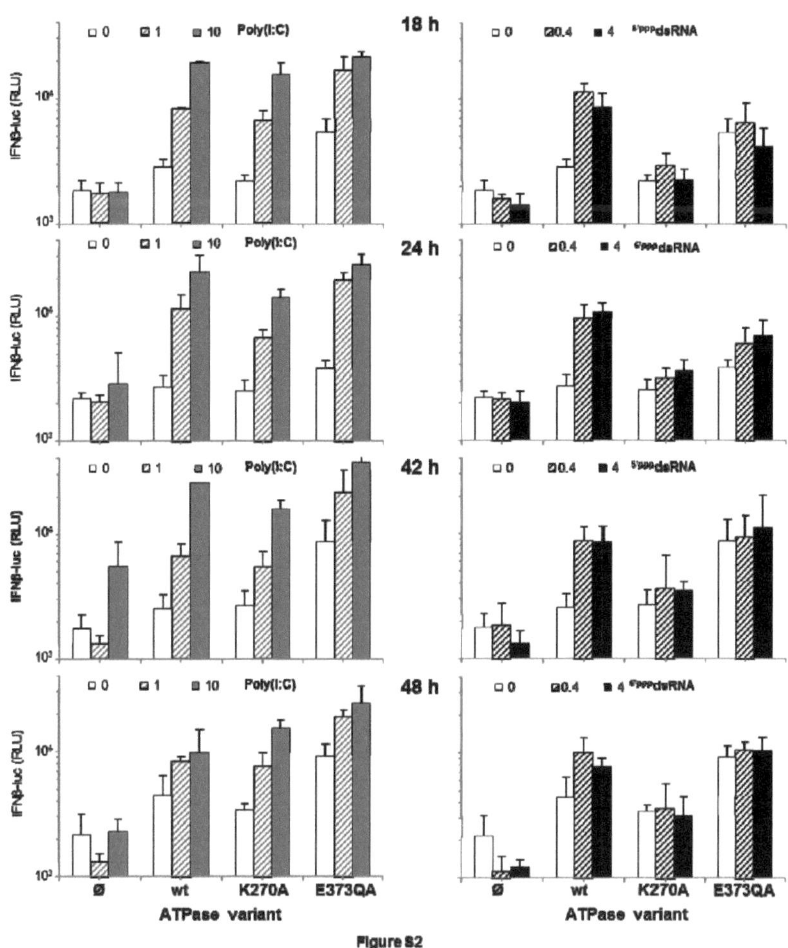

Figure S2

Poly(I:C) (ng/µl)
0
1
10
24 h
dsRNA (ng/µl)
0
0.4
4
IFNβ-luc (RLU)
42 h
IFNβ-luc (RLU)
ø
wt
K270A
E373QA
ATPase variant
ø
wt
K270A
E373QA
ATPase variant

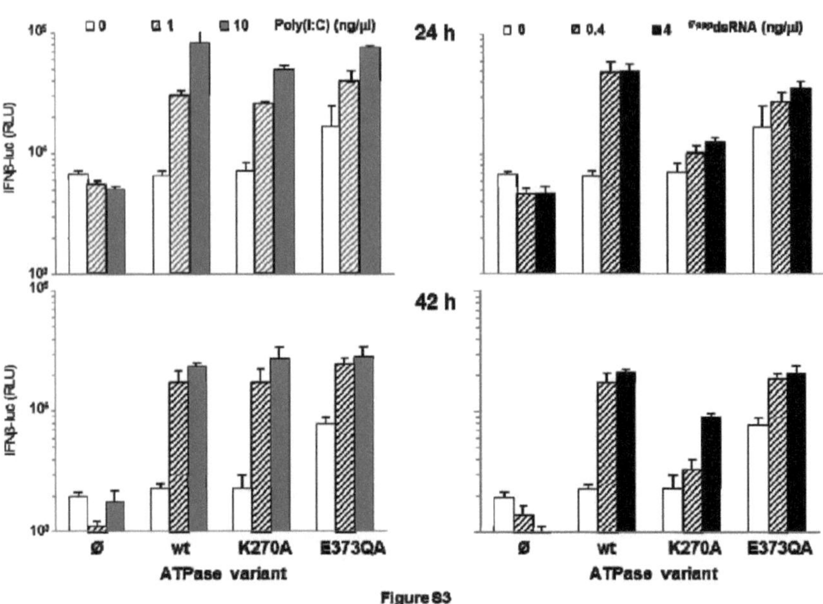

Figure 83

Résultats Supplémentaires

L'analyse fonctionnelle des trois mutants CARD2 humains, h[P112A,M149A], h[P112A,T116K,M149A] et h[P112A,M149A,L185E], a été réalisée en parallèle de celle des mutants correspondants chez RIG-I de canard cCARDx2 (c[A111K-A147E]), cCARDx3a(c[A111K-L114K-A147E]) et cCARDx3b (c[A111K-A147E-L184E]). La surexpression des mutants cCARDx2, cCARDx3a et cCARDx3b dans les cellules DF-1 n'a induit ni l'IFN ni la production d'ARNm de Mx. En effet, alors qu'une expression semblable à celle de la protéine cRIG-I sauvage a été détectée pour les mutants cCARD (Figure 23A), la production d'ARNm de Mx et le taux d'inhibition de l'infection par le VSV ont été les mêmes après transfection du vecteur vide ou des mutants cCARD (Figure 23B, C et D). Ce phénotype s'oppose à l'activation constitutive des mutants cF540A/D, et est en accord avec les résultats trouvés pour les mutants humains correspondants. Cependant, nous n'avons pas testé le comportement des mutants cCARDx2, cCARDx3a et cCARDx3b après stimulation. Nous ne pouvons donc pas affirmer que ces mutants sont constitutivement inactifs.

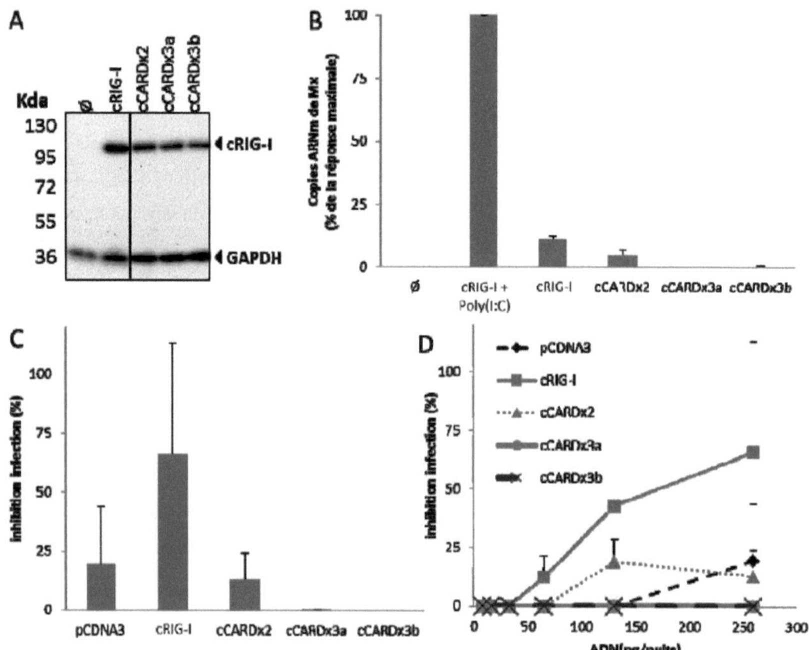

Figure 23 : Test fonctionnel des mutants CARD de canard

(A) Expression des mutants cRIG-I dans les cellules DF-1. Les cellules DF-1 ont été transfectées avec les plasmides codant pour les différentes protéines cRIG-I portant l'étiquette Flag. L'expression a été vérifiée 48h après transfection par Western Blot.

(B) Effet de la sur-expression des mutants cCARD sur la production d'ARNm de Mx dans les cellules DF-1. Les cellules DF-1 ont été transfectées avec les plasmides codant pour la protéine cRIG-I sauvage ou un mutant CARD puis, 24h après, la production d'ARNm Mx a été mesurée par qPCR. Le nombre de copies d'ARNm de Mx est exprimé en pourcentage de la production maximale obtenue avec la transfection de cRIG-I sauvage et de poly(I:C).

(C, D) Effet de la sur-expression des mutants cCARD sur l'infection des cellules DF-1 par le virus VSV-GFP. Les cellules DF-1 ont été transfectées avec les plasmides codant pour la protéine cRIG-I sauvage ou un mutant CARD. 24h après, les cellules ont été infectées par le VSV-GFP à une MOI de 10. Les cellules ont été récoltées pour une analyse par cytométrie en flux 18h après infection.

2.   Oligomérisation de RIG-I : une nécessité pour l'activation de la réponse IFN ?

Cette seconde section est également présentée sous forme d'article en vue d'une publication : RIG-I self-oligomerization is either dispensable or very transient for signal transduction.

Au cours de ces dernières années, l'activation de RIG-I a été associée à son oligomérisation. De nombreuses études, ont apporté des éléments appuyant l'oligomérisation de RIG-I à l'aide de tests réalisés *in vitro* ou *in cellula* (Beckham et al., 2013; Binder et al., 2011; Cui et al., 2008; Jiang et al., 2012; Kohlway et al., 2013; Li et al., 2009a; Lu et al., 2010; Patel et al., 2013; Peisley et al., 2011; Ranjith-Kumar et al., 2009; Saito et al., 2007; Schmidt et al., 2009; Wang et al., 2010a; Weber et al., 2013). Notre travail a débuté avec des tests de liaison de RIG-I à des ARN synthétiques leader de différents *Mononegavirales* réalisés par Eva Kowalinski à l'EMBL de Grenoble. Les ARN leader des virus de la rage, de la rougeole et d'Ebola ont été capables de se lier à RIG-I *in vitro*. Par ailleurs, l'analyse par SEC-MALLS a permis l'observation de la formation de complexes RIG-I:ARN avec un ratio de 1:1.

A la suite de cette étude *in vitro*, les trois ARN leader synthétiques ont été testés pour leur capacité à activer RIG-I *in cellula*. Le test d'activation du promoteur de l'IFN-β dans des cellules Huh7.5 surexprimant la protéine RIG-I sauvage a été utilisé. Un ARNdb-5'ppp synthétique, obtenu en hybridant deux ARNsb-5'ppp ne possédant chacun que trois types de nucléotides, ainsi qu'un ARNsb-5'ppp synthétique ont été utilisés comme contrôles (Marq et al., 2010, 2011). Conformément aux données de la littérature, l'ARNdb-5'ppp a fortement activé le promoteur de l'IFN-β en présence de RIG-I alors que l'ARNsb-5'ppp n'a induit qu'une faible activation, associée plutôt à un bruit de fond (Marq et al., 2011; Schlee et al., 2009). Les ARN leader synthétiques ont quant à eux induit une activation variable, avec une stimulation quasiment aussi forte que celle induite par l'ARNdb-5'ppp pour l'ARN leader de la rage, et des stimulations modérée et faible respectivement, associées aux ARN d'Ebola et de la rougeole. Par ailleurs, nous avons vérifié la formation de complexes RIG-I:ARN *in cellula*. Les ARN leader synthétiques de la rage et de la rougeole ont été immunoprécipités avec la protéine RIG-I surexprimée dans les cellules Huh7.5. En accord avec la différence de pouvoir stimulateur de RIG-I affiché par les deux ARN, l'ARN leader de la rage a été immunoprécipité en plus grande quantité que l'ARN leader de la rougeole.

La capacité de ces ARN synthétiques leader à activer le promoteur de l'IFN-β via RIG-I, sans pour autant induire d'oligomérisation de RIG-I *in vitro*, nous a conduit à étudier l'oligomérisation de RIG-I *in cellula*. Deux plasmides codant pour Flag-RIG-I ou Cl25-RIG-I ont été construits. Ces deux protéines, Flag-RIG-I et CI25-RIG-I, ont été capables d'activer le promoteur de l'IFN-β après une stimulation par du poly(I:C). Cependant les tentatives de co-immunoprécipitation de CI25-RIG-I avec Flag-RIG-I dans des cellules Huh7.5 on été infructueuses. Les cellules Huh7.5 ont été co-transfectées avec les plasmides codant pour Flag-RIG-I et CI25-RIG-I, puis stimulées 24 heures après par transfection de poly(I:C) ou d'ARN synthétique ou infection par le virus de la rougeole. Les cellules ont été lysées 18 heures après stimulation et les protéines immunoprécipitées en utilisant un gel d'affinité anti-Flag. Une élution douce par compétition d'un peptide 3xFlag a alors été réalisée, avant l'analyse des résultats par western blot. Quelle que soit la stimulation utilisée, une bande résiduelle a été observée pour CI25-RIG-I dans les fractions immunoprécipitées, malgré une forte expression de cette protéine dans les lysats cellulaires. Par ailleurs, la protéine N du virus de la rougeole n'a pas été immunoprécipitée avec Flag-RIG-I contrairement aux observations réalisées avec la protéine N du virus de La Crosse (Weber et al., 2013). Les résultats obtenus avec les immunoprécipitations réalisées dans les cellules Huh7.5 ne permettant pas de conclure sur l'oligomérisation de RIG-I, les mêmes tests ont été réalisés dans les cellules 293T. En utilisant ces cellules, nous avons été capables d'immunoprécipiter CI25-RIG-I avec Flag-RIG-I. Cependant CI25-RIG-I a été retrouvé dans les fractions immunoprécipitées après stimulation par du poly(I:C), l'ARNdb-5'ppp et l'ARNsb-5'ppp non activateur de RIG-I. Ces résultats ont été observés à plusieurs reprises, quelles ques soient les conditions expérimentales utilisées : différents tampons de lyse, différentes doses de poly(I:C)/ARN transfectés, différents temps de stimulation.

L'étude d'oligomérisation de RIG-I par co-immunoprécipitation s'avérant plus complexe que prévue, nous avons décidé d'utiliser un test plus sensible : le test de complémentation utilisant la luciférase Gaussia (Cassonnet et al., 2011; Remy and Michnick, 2006). Les domaines glu1 ou glu2 de la protéine Gaussia luciférase ont été fusionnés à la protéine RIG-I au niveau de l'extrémité N ou C-terminale. Les différents couples [RIG-I-glu1+RIG-I-glu2], [glu1-RIG-I+glu2-RIG-I] et [glu1-RIG-I+RIG-I-glu2] ont été transfectés dans des cellules 293T, qui ont par la suite été stimulées ou non avec du poly(I:C). Aucun signal luciférase n'a été détecté lors de ces essais alors que la transfection du couple [glu1-gcn4+glu2-gcn4] a induit un fort signal, gcn4 étant une séquence forçant la dimérisation (O'Shea et al., 1991). De plus, en ajoutant cette séquence gcn4 à nos constructions chimériques RIG-I-glu afin de forcer l'oligomérisation de RIG-I, seulement un faible signal luciférase a été observé. Ces résultats ont été confirmés par une analyse par western blot sans dénaturation préalable des protéines par chauffage. La dimérisation des protéines glu1/2-gcn4 a été facilement détectée alors qu'une faible dimérisation a été observée uniquement pour la construction glu2-RIG-I-gcn4.

En conclusion de ce travail, la formation d'oligomères de RIG-I via des interactions protéine:protéine semble peu probable. Ce résultat peut être conforté par les différentes structures de RIG-I obtenues, pour lesquelles une seule molécule RIG-I était liée à un ARN agoniste.

ARTICLE 2

RIG-I self-oligomerization is either dispensable or very transient for signal transduction

Jade Louber[1], Louis-Marie Bloyet, Eva Kowalinski[2,3], Joanna Brunel[1], Stephen Cusack[2,3] and Denis Gerlier[1]

[1]Centre International de Recherche en Infectiologie, INSERM, U1111, CNRS, UMR5308, Université Lyon 1, ENS Lyon, CERVI, 21 Avenue Tony Garnier 69007 Lyon, France.

[2] European Molecular Biology Laboratory, Grenoble outstation, 6 rue Jules Horowitz, BP 181, 38042 Grenoble Cedex 9, France

[3]Unit of Virus Host-Cell Interactions, UJF-EMBL-CNRS, UMI 3265, 6 rue Jules Horowitz, BP181, 38042 Grenoble Cedex 9, France.

Manuscrit en préparation

ABSTRACT

Host defense against viruses depends on the rapid triggering of innate immunity through the induction of type I interferon (IFN) response. To this end, dedicated receptors detect microbe-associated molecular patterns with the RIG-like receptors RIG-I and MDA5 that, upon sensing viral RNA into the cytoplasm, activate IFN gene expression. While MDA5 forms long filamers upon activation, RIG-I is believed to oligomerize upon RNA binding in order to transduce a signal. Here we show that *in vitro* binding of synthetic RNA mimic of *Mononegavirales* (Ebola virus, Rabies virus and Measles virus) leaders to purified RIG-I did not induce RIG-I oligomerization. Furthermore, during activation of exogenous Flag-RIG-I in cells devoid of endogenous functional RIG-like receptors by a 61-mer-5'ppp-dsRNA or by polyinosinic:polycytidylic acid, a dsRNA analogue, or by Measles infection, no oligomerization of RIG-I could be reliably observed by anti-Flag immunoprecipitation and specific elution with Flag peptide. When using the *Gaussia* Luciferase-Based Protein Complementation Assay (PCA), a more sensitive *in cellula* assay, we also did not observe any RIG-I oligomerization upon RNA stimulation. Altogether our results indicate that self-oligomerization of RIG-I is either dispensable or very transient for signal transduction.

INTRODUCTION

In vertebrates, the first step of the innate immunity is the detection of microbes-associated molecular patterns (MAMPs) by specific pattern-recognition receptors (PRRs) (Ranjan et al., 2009; Yoneyama and Fujita, 2009). RIG-I (retinoic acid-inducible gene I) belongs to the cytoplasmic RIG-I-like receptors (RLRs) together with MDA5 (melanoma differentiation-associated protein 5) and LGP2 (laboratory of genetics and physiology 2). RIG-I induces an antiviral type-1 interferon (IFN) response during RNA virus infection (Onoguchi et al., 2011; Ranjan et al., 2009; Wilkins and Gale, 2010; Yoneyama and Fujita, 2007, 2010). RIG-I consists of two amino-terminal caspase activation and recruitment domains (CARDs) essential for signal transduction, a central helicase domain and a C-terminal domain which bind agonist RNA. The mechanism of RIG-I activation has been widely studied during past years. RIG-I preferentially recognized double-stranded blunt end RNA with a 5'-triphosphorylated (5'ppp) end but can also bind to long double-stranded RNA (dsRNA) without 5'ppp (Binder et al., 2011; Kohlway et al., 2013; Schlee et al., 2009; Schmidt et al., 2009). The recognition of an agonist RNA triggers a conformational change allowing RIG-I to become active thank to the release of the CARD domains. The free CARDs are then accessible for poly-ubiquitination and recruitment of the adaptor mitochondrial antiviral signal (MAVS) (Dixit and Kagan, 2013; Gack et al., 2007; Ranjan et al., 2009; Yoneyama and Fujita, 2009; Zeng et al., 2010).

The precise mechanisms of RIG-I activation remain to be fully understood. It has been proposed that RIG-I-mediated activation implies RIG-I oligomerization (Binder et al., 2011; Cui et al., 2008; Jiang et al., 2012; Li et al., 2009a; Lu et al., 2010; Peisley et al., 2011; Ranjith-Kumar et al., 2009; Saito et al., 2007; Schmidt et al., 2009; Wang et al., 2010a). In the present study, we question the necessity of RIG-I self-oligomerization for signal induction. Using synthetic RNA able to bind and to activate RIG-I and measles virus infection, we did not observe oligomerization of RIG-I upon cognate RNA activation both *in vitro* and *in cellula*. Finally, a sensitive protein complementation assay allowed us to exclude significant self oligomerization of RIG-I in cells.

MATERIELS AND METHODS

Cells and virus

Huh7.5 cells, Vero cells and 293T cells were maintained in Dulbecco's modified Eagle's medium (DMEM Gibco, Invitrogen) supplemented with 10 % fetal calf serum (Gibco), 10 mM HEPES, 2 mM L-glutamine, 10 μg/ml gentamycine and 1 % non-essential amino acids for Huh7.5 cells at 37°C and 5% CO_2.

VSV-gfp was provided by J. Perrault and D. Garcin. Moraten-eGFP virus was constructed using the recombinant virus rescue technique described by Radecke et al. (Radecke et al., 1995). The helper cell line 293-3-46 stably expressing T7 polymerase, MeV N and P proteins was transfected using the ProFection kit (Promega) with two plasmids coding for MeV genome with an additional eGFP gene and MeV-L protein (pEMCLa). Three days after transfection, cells were overlaid on Vero cells. Upon appearance, isolated syncytia were picked and individually propagated on Vero cells. Virus stock was produced after a second passage at multiplicity of infection (MOI) 0.03 on Vero cells. Virus was checked for lack of mycoplasma contamination, has its genome sequenced and was titrated before use.

Plasmids

Wild-type human RIG-I and RIG-I-Ko cDNA were subcloned into pEF-BOS expression vector using PCR amplification of cDNA fragments and *in vitro* recombination (InFusion, Clontech). HA, Cl25 (Ghannam et al., 2008) and Flag tag were added to RIG-I cDNA during the PCR amplification step. Every RIG-I insert construct was entirely verified by sequencing (Eurofins).

The two original expression vectors used for *Gaussia* Luciferase-Based Protein Complementation Assay (PCA) (Cassonnet et al., 2011), were modified into pCI-glu1 and pCI-glu2 to eliminate the Gateway insert without changing the flanking vector sequence in order to keep unchanged the linker bridging glu domains and inserts. HA-RIG-I and Cl25-RIG-I fragments were subcloned upstream or downstream of gaussia glu1 and/or glu2 domains by InFusion recombination of PCR-amplified fragments. Gcn4 sequence (O'Shea et al, 1991) was subcloned upstream or downstream of RIG-I coding sequence by InFusion recombination of PCR-amplified fragments. All plasmids were verified by sequencing every subcloned PCR fragment.

Antibodies and reagent

For immunoblotting the following primary antibodies were used: anti-Flag (1:1,000; M2, Sigma), Cl25 anti-MeV- N (1:1,000), anti-HA (1:1,000 ; Clone HA-7, Sigma), 49.21 anti-MeV P (1:2,000) and anti-GAPDH (1:2000 ; Millipore).

For DNA plasmids transfection, JetPRIME reagent (Polyplus transfection) was used in 293T cells and Transit-LT1 reagent (Mirus) was used in Huh7.5 cells. RNA transfection was performed with Oligofectamine reagent (Invitrogen). Poly(I:C) was purchased from Amersham Biosciences.

Rabies leader 5'ppp-RNA (GGACGCUUAACAACAAAACCAGAGAAGAAAAAGACAGCGUCAAUUGCAAACGAAAAAUGUGC), Measles leader 5'ppp-RNA (GGACCAAACAAAGUUGGGUAAGGAUAGAUCAAUCAAUGAUCAUAUUCUAGUACACUUGAAUUC) and Ebola leader 5'ppp-RNA (GGACACACAAAAAGAAAGAAAAGUUUUUUAUACUUUUUUGUGUGCGAAUAACUAUG) were T7 transcribed and purified by excising the band from a denaturing urea-PAGE (Kowalinski et al., 2011).

The 61-mer-5'ppp-dsRNA was obtained by annealing two T7 transcribed and purified complementary 61-mer-5'ppp-ssRNA (GGUCCUGUCUGUUGUCGGUCUCGUUUGUUGCGUGUCCGUGUUCGCCUUGGUUCCCCGGUGCC) and

(CCAGGACAGACAACAGCCAGAGCAAACAACGCACAGGCACAAGCGGAACCAAGGGGCCACGG). Both 61-mer-5'ppp-ssRNA contain only three nucleotides and thus avoid secondary structure (Marq et al., 2011).

SEC MALLS

Size-exclusion chromatography of purify recombinant human RIG-I prepared as previously described dsRNA (Kowalinski et al., 2011) and mixed with equimolar amount of RNA was performed on a S200 column in 20 mM HEPES, pH 7.5, 100 mM NaCl, 2.5 mM MgCl2, 5 mM betamercaptoethanol coupled to multiangle laser light scattering (SEC MALLS).

Luciferase assay

Huh7.5 cells were seeded into 96-well plates and, 18 h later, transfected with 50 ng DNA of IFN-β luciferase, 17 ng DNA of renilla luciferase and 33 ng DNA of RIG-I plasmid. One day after DNA transfection, cells were transfected with Poly(I:C), synthetic RNA or infected with Moraten-gfp virus at MOI 1. The day after, the luciferase assay was performed using the Dual-Glo system from Promega. Firefly luciferase values were normalized to renilla luciferase to measure transfection efficiency.

For *Gaussia* Luciferase-Based Complementation Assay (PCA) (Cassonnet et al., 2011), 293T cells were seeded into 96-well plates and, 8 h later, transfected with 100 ng RIG-I-glu1 construct and 100 ng RIG-I-glu2 construct. Twenty four hours after DNA transfection, cells were transfected or not with Poly(I:C). Eighteen hours later, the luciferase assay was performed using the Renilla Luciferase Assay System (Promega). Protein-protein interaction levels were expressed in normalized luminescence ratio (NLR) according to the following formula:

NLR = (glu1-A+glu2-B) signal / [(glu1-A+glu2) signal + (glu1 + glu2-B) signal],

where glu1-A and glu2-B are the chimeric proteins, and glu1 and glu2 the empty vector coding only for the glu domain.

Immunoprecipitation and immunoblot analysis

For immunoblot analysis, transfected or infected cells were resuspended in lysis buffer, either PLB buffer (10 mM HEPES pH 7.4, 100 mM NaCl, 5 mM MgCl$_2$, 0,05 % NP-40, 25 mM EDTA) or NP-40 buffer (50 mM Tris HCl pH 7.4, 150 mM NaCl, 0,1 % NP-40, 1 mM EDTA) both complemented with Complete protease inhibitor cocktail for 20 minutes on ice. The proteins were then separated from the cells debris by centrifugation at 7,000 x g during 10 minutes. The proteins were denatured by addition of Laemmli 1X buffer and heating at 100°C during 3 minutes before analysis by SDS-PAGE and immunoblotting.

For co-immunoprecipitation analysis, lysates were incubated from 2 h to 16 h at 4°C on a rotating wheel with anti-Flag (M2) beads (Sigma). Beads were washed four times with lysis buffer and proteins were eluted by addition of 22.5 µg 3xFlag Peptides (Sigma). Lysates were then analyzed by SDS-PAGE and immunoblotting.

RNA extraction and amplification

RNA immunoprecipitated with RIG-I was purified by Trizol/chloroform extraction, then amplified by RT-PCR using the Reverse Transcriptase Superscript™ II from Invitrogen compatible with specific primers and the Taq Polymerase from New England Biolabs.

RESULTS

Oligomeric state of RIG-I:RNA complexes formed *in vitro*

The ability of human RIG-I protein to bind different 5′ppp RNA *in vitro* was tested by MultiAngle Laser Light Scattering coupled to a Size Exclusion Column (SEC-MALLS) analysis. Purified recombinant hRIG-I was able to bind to synthetic copies of the leader RNAs of three different *Mononegavirales family*: Ebola (*filoviridae)*, rabies (rhabdoviridae) and measles (*paramyxoviridae*) virus (Figure 1A). The incubation of hRIG-I with each synthetic leader RNA induced a shift to a lower elution volume which indicates a larger, more elongated or less globular particle. This point to a conformational change of the protein molecule, the addition of the RNA moiety to one end of the protein elongating the whole complex, or that bound RNA is attached but large parts of it are flexible and floppy. However, when looking at the apparent molecular masses from MALLS, none of the complexes showed a significant mass shift. RIG-I alone appeared with a mass of 100 kDa, slightly smaller than the calculated mass of 106 kDa, but within the error range. RIG-I associated with the leader RNA of Ebola, Rabies or Measles virus appeared respectively with a mass of 102 kDa, 110k Da and 113 kDa. Moreover, the resulting complex was monodisperse (one peak, flat MALLS signal). It can be concluded that RIG-I binds all these RNAs and forms a homogeneous complex with a 1:1 stoichiometry.

RIG-I binding to synthetic RNA *in cellula* and activation of IFN-β promoter

Since RNA sensing by RIG-I results in IFN-β gene expression, the ability of the synthetic RNAs to allow the expression of luciferase reporter gene under the control of the IFN-β promoter was tested. To avoid any interference of the endogenous innate immune response of the host cell, we selected the Huh7.5 cells since they lack TLR3 and MDA5 expression, expressed a defective T55I RIG-I mutant and poorly induced ISG expression (including feedback upregulation of RLR genes) due to an IFNAR signaling defect (Binder et al., 2011; Eguchi et al., 2000; Keskinen et al., 1999; Li et al., 2005; Sumpter et al., 2005). The 61-mer-5′ppp-dsRNA was the best RIG-I stimulator whereas the 61-mer-5′ppp-ssRNA induced only a background luciferase activity at high dose (Figure 2B). While Rabies leader (RabV-L) RNA was almost as good activator of RIG-I as was the 61-mer-5′ppp-dsRNA Ebola (EboV-L) and measles (MeV-L) leader RNAs induced intermediate and lower response respectively. All synthetic RNAs but the 61-mer-5′ppp-ssRNA stimulated the IFN-β promoter in a dose-dependent manner (Figure 2B). Rabies, Ebola and Measles leader RNA were T7 transcribed and purified on a denaturing urea-PAGE. Double-stranded side products cannot be totally avoided with this technique (Marq et al., 2010; Schlee et al., 2009; Schmidt et al., 2009). However, it is also possible that those RNA could adopt different secondary structures enabling them to activate RIG-I. Rabies and Measles leader RNA were also tested for their ability to form *in cellula* complexes with RIG-I stable enough to be detected by immunoprecipitation of RIG-I. Both synthetic RNA were transfected in Huh7.5 cells expressing wild type RIG-I or a RIG-I-Ko construct associating T55I mutation in the first CARD domain (inhibition of TRIM25 recruitment) and Q229A, T697A, E702A and K888/907A mutations in the helicase and CTD that prevent RNA binding to the corresponding domain (Figure 2C) (Bamming and Horvath, 2009; Plumet et al., 2007; Takahasi et al., 2009). In the immunoprecipitated fraction, Measles leader RNA was recovered only with wtRIG-I whereas a strong background was observed for Rabies leader RNA (Figure 2D). Indeed, the same amount of Rabies RNA was found associated with wtRIG-I and RIG-I-ko proteins. However Rabies RNA kept eluting from RIG-I-Ko immunoprecipitate during the last washing step, contrary to RNA bound to wt RIG-I (Figure 2D). This indicates that wt RIG-I:Rabies RNA complex was more stable than RIG-I-Ko:Rabies RNA complex. Interestingly, the higher propensity of Rabies Leader RNA to be immunoprecipitated with RIG-I when compared to measles leader corresponds to a higher potency in activating the IFN-β promoter.

Search for RNA induced RIG-I oligomerization *in cellula*

To determine whether RNA binding to RIG-I can induce RIG-I oligomerization *in cellula*, we built two expression vectors coding for RIG-I tagged with either Flag or Cl25 peptide. When expressed in Huh7.5 cells, both Flag-RIG-I and Cl25-RIG-I were stimulated by Poly(I:C) in a dose-dependent manner (Figure 3A). To evaluate RIG-I oligomerization *in cellula*, Huh7.5 cells were co-transfected with Flag-RIG-I and Cl25-RIG-I constructs, stimulated by either Poly(I:C) or RNA transfection and finally harvested 18 hours after stimulation for a co-immunoprecipitation assay. Both proteins, Flag-RIG-I and Cl25-RIG-I were readily expressed in Huh7.5 cells (Figure 3C). However, Cl25-RIG-I failed to be co-immunoprecipitated with Flag-RIG-I, since similar trace amounts were detected in the absence or presence of RNA stimulation in Flag-RIG-I eluates (Figure 3C). Notably, Cl25-RIG-I also failed to be co-immunoprecipitated with Flag-RIG-I after the transfection of the 61-mer-5'ppp-dsRNA although it induces RIG-I dimerization *in vitro* (Kowalinski et al., 2011, Figure S3).

Since we did not observe any RIG-I oligomerization *in cellula* after stimulation by Poly(I:C) or synthetic dsRNA, we tried to stimulate RIG-I by infecting cells with measles virus (Plumet et al, 2007). Huh7.5 cells were tested for their permissiveness to infection by Moraten-eGFP, a measles virus vaccine strain coding for eGFP as a viral reporter gene. Huh7.5 cells were infected by this virus as efficiently as were Vero cells that are commonly used for stock virus production (Figure S1). We then tested the ability of Measles virus infection to induce RIG-I oligomerization. Huh7.5 cells were co-transfected with Flag-RIG-I and Cl25-RIG-I, then infected or not with Moraten-eGFP virus and 18 hours later submitted to the immunoprecipitation assay. Both Flag-RIG-I and Cl25-RIG-I were strongly expressed (Figure 3D, inputs), but once again, we did not observe any detectable increase in the trace amounts of Cl25-RIG-I co-immunoprecipitated with Flag-RIG-I upon MeV infection (Figure 3D). Since Weber et al. reported that La Crosse virus (LACV) N protein can be co-immunoprecipitated with RIG-I (Weber et al., 2013), we searched for any coimmunoprecipitation of the abundant MeV N protein with Flag-RIG-I, but none could be detected (Figure 3D). We could exclude any pitfall in our immunoprecipiation procedures, since the anti-Flag immunoprecipitation and elution procedure was well suited to detect a well-known protein-protein interaction. Indeed, measles virus (MeV) N protein was nicely coimmunoprecipitated with MeV Flag-P protein from cells infected by a recombinant MeV (Figure S2) as expected for their strong interactions (Blocquel et al., 2012; Gely et al., 2010; Longhi, 2009; Shu et al., 2012).

RIG-I oligomerization was also tested in 293T cells stimulated by transfection of Poly(I:C), synthetic dsRNA or ssRNA, or Moraten-eGFP infection and 18 hours later submitted to the immunoprecipitation assay. Both Flag-RIG-I and Cl25-RIG-I were strongly expressed (Figure 3E, inputs). This time, detectable amounts of Cl25-RIG-I were found in the Flag-RIG-I eluate, but this was observed whatever the RNA stimulation conditions used: with Poly(I:C), 5'ppp-dsRNA and 5'ppp-ssRNA transfection (Figure 3E), independently from their ability to activate the IFN-β promoter (Figure 3B). Moreover, after transfection of only 1/20th amount of RNA, the amount of CL25-RIG-I found in the anti-Flag immunoprecipitate decreased with the 61-mer-5'ppp-dsRNA but increased with the 61-mer-5'ppp-ssRNA. Reducing the amounts of transfected RNA and thus the number of RNA molecules accessible for one RIG-I could increase the chance for RIG-I to oligomerize. Since this assessment was only verified for the non-stimulatory ssRNA, we interpret the co-immunoprecipitation of CL25-RIG-I with Flag-RIG-I as an experimental artifact likely due to over expression of RIG-I in 293T cells. All these results were repeatedly observed using various experimental conditions, including the use of different lysis buffers.

Search for early induced RIG-I oligomerization *in cellula*

To verify the lack of cognate RNA-induced oligomerization of RIG-I *in cellula*, Huh7.5 cells were co-transfected with Flag-RIG-I and Cl25-RIG-I constructs, stimulated by either Poly(I:C) transfection or Moraten-eGFP infection and harvested 4 hours after stimulation for a co-immunoprecipitation assay. Both Flag-RIG-I and Cl25-RIG-I were expressed in Huh7.5 cells (Figure 4A, inputs). However, upon immunoprecipitation of Flag-RIG-I, Cl25-RIG-I failed again to be clearly co-immunoprecipitated. Again, MeV-N protein could not be detected in the immunoprecipitated fraction (Figure 4A). 293T cells were also used for investigation of early induced RIG-I oligomerization. As for all the experiments, Flag-RIG-I and Cl25-RIG-I were strongly expressed (Figure 4B, inputs), but in these conditions Cl25-RIG-I was evenly found in the Flag eluate independently of cognate RNA stimulation (Figure 4B).

Search for RIG-I oligomerisation *in cellula* using PCA

We reasoned that the co-immunoprecipitation assay might not be sensitive enough to detect RIG-I oligomerization induced by a cognate RNA. We therefore switched to the *Gaussia* Luciferase-Based Protein Complementation Assay (PCA) that has been described to be highly sensitive and in our hand able to detect interactions between monomers in the 0.2 µM range (Cassonnet et al., 2011; Remy and Michnick, 2006, Brunel at al. submitted). Cl25-RIG-I and HA-RIG-I coding sequences were fused at either the N- or C-terminus *Gaussia* glu1 and glu2 split domains. All chimeric proteins were strongly expressed in Huh7.5 cells (Figure 5A). However, we did not detect any luciferase signal that would indicate basal or RNA induced RIG-I oligomerization *in cellula* with any of the three tested combinations (RIG-I-glu2 + glu1-RIG-I; glu2-RIG-I + glu1-RIG-I; RIG-I-glu2 + RIG-I-glu1) (Figure 5B). We then tried to force RIG-I dimerization by adding the leucine zipper gcn4 to our constructs (O'Shea et al., 1991). The glu1/2-RIG-I-gcn4 proteins were well expressed in Huh7.5 cells and able to activate the IFN-β promoter upon Poly(I:C) stimulation (Figure 5A). The addition of gcn4 sequence induced only a weak luciferase signal just above the NLR threshold, whereas the co-transfection of glu2-gcn4 and glu1-gcn4 induces almost a 3 log higher signal (Figure 5B). Similar results were observed when the luciferase signal was measure only four hours after Poly(I:C) stimulation (Figure S3). Moreover, gcn4 sequence was accessible in the glu1/2-RIG-I-gcn4 chimeric proteins since they readily interacted with free gnc4 construct or GCN4 fused to another protein (Figure S4). Correlatively, glu1/2-gcn4 dimerization was easily detected by western blot while a weak dimerization was only detected when the glu2-HA-RIG-I-gcn4 protein was expressed alone (Figure 5C).

DISCUSSION

RIG-I oligomerization was proposed to occur during activation by RNA ligand in 2007-2008 by two groups (Cui et al., 2008; Saito et al., 2007). Since then, observation of RIG-I oligomerization progressively became one of the landmark of RIG-I activation that every good paper tends to report (Beckham et al., 2013; Binder et al., 2011; Jiang et al., 2012; Kohlway et al., 2013; Li et al., 2009; Lu et al., 2010; Patel et al., 2013; Peisley et al., 2011; Ranjith-Kumar et al., 2009; Schmidt et al., 2009; Wang et al., 2010; Weber et al., 2013). However the biochemical support has remained rather poor, and the rational, enigmatic.

In vitro, Cui et al., Jiang et al. and Schmidt et al. conclude RIG-I oligomerization from gel filtration analysis of a mixture of pure RIG-I protein and short (from 19bp to 135bp) 5'ppp-RNA (Cui et al., 2008; Jiang et al., 2012; Schmidt et al., 2009). However, a significant shift of the volume of elution does not necessarily indicate a linear augmentation of mass. Indeed the shape of the molecule can influence the migration properties through the reticulated gel, and a conformational change occurs when RIG-I binds an agonist RNA with the tightening of the helicase around the RNA and the release of the CARDs (Kowalinski et al., 2011; Luo et al., 2011). RIG-I oligomerization have also been observed by band shift in Native Page analysis (Saito et al., 2007; Weber et al., 2013). Although a band shift indicates a molecular change, it does not necessarily prove dimerization, since even a small bound RNA that is highly negatively charged can significantly alter the migration properties of a protein. In contrast, size-exclusion chromatography on a S200 column coupled to multiangle laser light scattering analysis of mixture of pure RIG-I protein with short dsRNA (Kowalinski et al., 2011, Figure S3) or synthetic *Mononegavirales* leader 5'ppp-RNA (this work) was compatible only with RNA/RIG-I 1:1 monomer complex. In agreement Kohlway et al. observed the formation of 1:1 complex between RIG-I and hairpin duplexes of 10, 20 or 30 base pairs long with single 5'ppp end using analytical unltracentrifugation-SV technique (Kohlway et al., 2013). Accordingly, crystal structures of RIG-I bound to short RNA (10 mer to 19 mer) shows only monomeric RIG-I:RNA complex with 1:1 ratio (Jiang et al., 2011; Kowalinski et al., 2011; Luo et al., 2011). Only when dsRNA contains two 5' triphosphated ends, RIG-I dimers in a 2:1 protein:RNA complex could be observed (Kohlway et al., 2013; Kowalinski et al., 2011, Figure S3). In these conditions, small angle X-ray scattering indicates that the 2 RIG-I 1 RNA complex adopts a very extended conformation(Beckham et al., 2013). Accordingly, we speculate that the dimerization of RIG-I CTD reported by (Li et al., 2009b; Wang et al., 2010a) simply reflected the 5' triphosphorylated bivalency of the dsRNA ligand used.

The use of 5'triphosphated panhandle RNA with dsRNA of variable length incubated with cell extracts from RIG-I transfected cells revealed that RIG-I oligomerization occurs provided that the dsRNA exceed 46 bp length. One molecule of RIG-I binds to the 5'ppp of the RNA and enters the RNA using ATP hydrolysis. Several RIG-I molecules can enter an RNA this way and form a RNA mediated oligomer. Contrary to the cooperative association of MDA5 along RNA, RIG-I do not self-oligomerize to form long filament but multiple proteins can bind to the same RNA (Patel et al., 2013; Peisley et al., 2011).

In vivo, one attempt to demonstrate RIG-I oligomerization was performed by pull down assay of Flag- and Myc-tagged RIG-I (Saito et al., 2007, Figure 3). A co-immunoprecipitation of wtMyc-RIG-I with Flag tagged-wtRIG-I was observed, but without clear difference between infected and non-infected cells, questioning if any RNA-induced RIG-I oligomerization had really occurred. In addition, multiple combination of RIG-I and RIG-I domains and subdomains such as between RIG-I and CARDs, RIG-I and RIG-I-Δ-CARDs, CTD and CARDs, CTD and helicase, CTD and [helicase1 + helicase insertion domain] were also observed. While one cannot exclude that some of the reported interactions could reflect cis-interactions between RIG-I domains bridged or not by viral RNA (such as CTD/Helicase), the others interactions would suggest multiple oligomerization sites within RIG-I with none of them being supported by available RIG-I crystal structures. Instead, in our work, we did not observe self-assembly of RIG-I upon recognition of synthetic or viral RNA in co-immunoprecipitation assay or using the more sensitive PCA assay and RIG-I dimerization hardly occurred even after being grafted with the GCN4 dimerisation signal. We strongly favors that monomeric RIG-I-RNA complex is the minimal functional signal transduction unit. Indeed biochemically defined monomeric RIG-I-RNA complexes have been also recently demonstrated to be able to activate the IFN response (Kohlway et al., 2013; Patel et al., 2013). Thus so far, there is no convincing evidence that RIG-I can self-oligomerized.

Instead a single dsRNA can bind several RIG-I molecules and this can occurs or not during viral infections (Weber et al., 2013)(this work). However, further down in the signaling cascade, tandem CARDs of RIG-I become engaged in a complex interaction with membrane anchored MAVS via free K63 polyubiquitin, the scaffold of which would secondarily associate multiple RNA-RIG-I signal units to several MAVS molecules (Gack et al., 2007; Hou et al., 2011; Jiang et al., 2012; Moresco et al., 2011; Zeng et al., 2010).

Acknowledgements. The authors thank Y Jacob, D. Garcin, J. Perrault, T. Fujita, P. Pothier, and C. Rice for providing us with useful reagents and C. Lazert, L. Wouters and M. Ferren for plasmids construction. We also used the flow cytometry (T. Andrieu, S. Dussurgey) and qPCR (B. Blanquier) facilities of the SFR Biosciences Gerland-Lyon Sud (UMS344/US8). This work was supported in part by FINOVI Foundation and ANR (ANR-12-BSV3-010-01).

REFERENCES

Ablasser, A., Bauernfeind, F., Hartmann, G., Latz, E., Fitzgerald, K.A., and Hornung, V. (2009). RIG-I-dependent sensing of poly(dA:dT) through the induction of an RNA polymerase III-transcribed RNA intermediate. Nat. Immunol. *10*, 1065–1072.

Albertini, A.A.V., Wernimont, A.K., Muziol, T., Ravelli, R.B.G., Clapier, C.R., Schoehn, G., Weissenhorn, W., and Ruigrok, R.W.H. (2006). Crystal structure of the rabies virus nucleoprotein-RNA complex. Science *313*, 360–363.

Andrejeva, J., Childs, K.S., Young, D.F., Carlos, T.S., Stock, N., Goodbourn, S., and Randall, R.E. (2004). The V proteins of paramyxoviruses bind the IFN-inducible RNA helicase, mda-5, and inhibit its activation of the IFN-beta promoter. Proc. Natl. Acad. Sci. U. S. A. *101*, 17264–17269.

Arimoto, K., Takahashi, H., Hishiki, T., Konishi, H., Fujita, T., and Shimotohno, K. (2007). Negative regulation of the RIG-I signaling by the ubiquitin ligase RNF125. Proc. Natl. Acad. Sci. U. S. A. *104*, 7500–7505.

Balachandran, S., and Barber, G.N. (2007). PKR in innate immunity, cancer, and viral oncolysis. Methods Mol. Biol. Clifton NJ *383*, 277–301.

Bamming, D., and Horvath, C.M. (2009). Regulation of signal transduction by enzymatically inactive antiviral RNA helicase proteins MDA5, RIG-I, and LGP2. J. Biol. Chem. *284*, 9700–9712.

Barber, M.R.W., Aldridge, J.R., Webster, R.G., and Magor, K.E. (2010). Association of RIG-I with innate immunity of ducks to influenza. Proc. Natl. Acad. Sci. U. S. A. *107*, 5913–5918.

Baril, M., Racine, M.-E., Penin, F., and Lamarre, D. (2009). MAVS dimer is a crucial signaling component of innate immunity and the target of hepatitis C virus NS3/4A protease. J. Virol. *83*, 1299–1311.

Basu, M., Maitra, R.K., Xiang, Y., Meng, X., Banerjee, A.K., and Bose, S. (2006). Inhibition of vesicular stomatitis virus infection in epithelial cells by alpha interferon-induced soluble secreted proteins. J. Gen. Virol. *87*, 2653–2662.

Baum, A., Sachidanandam, R., and García-Sastre, A. (2010). Preference of RIG-I for short viral RNA molecules in infected cells revealed by next-generation sequencing. Proc. Natl. Acad. Sci. U. S. A. *107*, 16303–16308.

Beckham, S.A., Brouwer, J., Roth, A., Wang, D., Sadler, A.J., John, M., Jahn-Hofmann, K., Williams, B.R.G., Wilce, J.A., and Wilce, M.C.J. (2013). Conformational rearrangements of RIG-I receptor on formation of a multiprotein:dsRNA assembly. Nucleic Acids Res. *41*, 3436–3445.

Belgnaoui, S.M., Paz, S., and Hiscott, J. (2011). Orchestrating the interferon antiviral response through the mitochondrial antiviral signaling (MAVS) adapter. Curr. Opin. Immunol. *23*, 564–572.

Berger, S.B., Romero, X., Ma, C., Wang, G., Faubion, W.A., Liao, G., Compeer, E., Keszei, M., Rameh, L., Wang, N., et al. (2010). SLAM is a microbial sensor that regulates bacterial phagosome functions in macrophages. Nat. Immunol. *11*, 920–927.

Binder, M., Eberle, F., Seitz, S., Mücke, N., Hüber, C.M., Kiani, N., Kaderali, L., Lohmann, V., Dalpke, A., and Bartenschlager, R. (2011). Molecular mechanism of signal perception and integration by the innate immune sensor retinoic acid-inducible gene-I (RIG-I). J. Biol. Chem. *286*, 27278–27287.

Bitko, V., Musiyenko, A., Bayfield, M.A., Maraia, R.J., and Barik, S. (2008). Cellular La protein shields nonsegmented negative-strand RNA viral leader RNA from RIG-I and enhances virus growth by diverse mechanisms. J. Virol. *82*, 7977–7987.

Blocquel, D., Habchi, J., Costanzo, S., Doizy, A., Oglesbee, M., and Longhi, S. (2012). Interaction between the C-terminal domains of measles virus nucleoprotein and phosphoprotein: a tight complex implying one binding site. Protein Sci. Publ. Protein Soc. *21*, 1577–1585.

Van den Broek, M.F., Müller, U., Huang, S., Aguet, M., and Zinkernagel, R.M. (1995). Antiviral defense in mice lacking both alpha/beta and gamma interferon receptors. J. Virol. *69*, 4792–4796.

Bruns, A.M., Pollpeter, D., Hadizadeh, N., Myong, S., Marko, J.F., and Horvath, C.M. (2013). ATP hydrolysis enhances RNA recognition and antiviral signal transduction by the innate immune sensor, laboratory of genetics and physiology 2 (LGP2). J. Biol. Chem. *288*, 938–946.

Cárdenas, W.B., Loo, Y.-M., Gale, M., Jr, Hartman, A.L., Kimberlin, C.R., Martínez-Sobrido, L., Saphire, E.O., and Basler, C.F. (2006). Ebola virus VP35 protein binds double-stranded RNA and inhibits alpha/beta interferon production induced by RIG-I signaling. J. Virol. *80*, 5168–5178.

Cassonnet, P., Rolloy, C., Neveu, G., Vidalain, P.-O., Chantier, T., Pellet, J., Jones, L., Muller, M., Demeret, C., Gaud, G., et al. (2011a). Benchmarking a luciferase complementation assay for detecting protein complexes. Nat. Methods *8*, 990–992.

Cassonnet, P., Rolloy, C., Neveu, G., Vidalain, P.-O., Chantier, T., Pellet, J., Jones, L., Muller, M., Demeret, C., Gaud, G., et al. (2011b). Benchmarking a luciferase complementation assay for detecting protein complexes. Nat. Methods *8*, 990–992.

Castanier, C., Garcin, D., Vazquez, A., and Arnoult, D. (2010). Mitochondrial dynamics regulate the RIG-I-like receptor antiviral pathway. EMBO Rep. *11*, 133–138.

Castelló, A., Alvarez, E., and Carrasco, L. (2011). The multifaceted poliovirus 2A protease: regulation of gene expression by picornavirus proteases. J. Biomed. Biotechnol. *2011*, 369648.

Cattaneo, R., Rebmann, G., Schmid, A., Baczko, K., ter Meulen, V., and Billeter, M.A. (1987). Altered transcription of a defective measles virus genome derived from a diseased human brain. EMBO J. *6*, 681–688.

Chang, T.-H., Kubota, T., Matsuoka, M., Jones, S., Bradfute, S.B., Bray, M., and Ozato, K. (2009). Ebola Zaire virus blocks type I interferon production by exploiting the host SUMO modification machinery. PLoS Pathog. *5*, e1000493.

Chen, C., Ridzon, D.A., Broomer, A.J., Zhou, Z., Lee, D.H., Nguyen, J.T., Barbisin, M., Xu, N.L., Mahuvakar, V.R., Andersen, M.R., et al. (2005). Real-time quantification of microRNAs by stem-loop RT-PCR. Nucleic Acids Res. *33*, e179.

Childs, K., Randall, R., and Goodbourn, S. (2012). Paramyxovirus V proteins interact with the RNA Helicase LGP2 to inhibit RIG-I-dependent interferon induction. J. Virol. *86*, 3411–3421.

Childs, K.S., Andrejeva, J., Randall, R.E., and Goodbourn, S. (2009). Mechanism of mda-5 Inhibition by paramyxovirus V proteins. J. Virol. *83*, 1465–1473.

Childs, K.S., Randall, R.E., and Goodbourn, S. (2013). LGP2 plays a critical role in sensitizing mda-5 to activation by double-stranded RNA. PloS One *8*, e64202.

Civril, F., Bennett, M., Moldt, M., Deimling, T., Witte, G., Schiesser, S., Carell, T., and Hopfner, K.-P. (2011a). The RIG-I ATPase domain structure reveals insights into ATP-dependent antiviral signalling. EMBO Rep. *12*, 1127–1134.

Civril, F., Bennett, M., Moldt, M., Deimling, T., Witte, G., Schiesser, S., Carell, T., and Hopfner, K.-P. (2011b). The RIG-I ATPase domain structure reveals insights into ATP-dependent antiviral signalling. EMBO Rep. *12*, 1127–1134.

Cui, J., Zhu, L., Xia, X., Wang, H.Y., Legras, X., Hong, J., Ji, J., Shen, P., Zheng, S., Chen, Z.J., et al. (2010). NLRC5 negatively regulates the NF-kappaB and type I interferon signaling pathways. Cell *141*, 483–496.

Cui, S., Eisenächer, K., Kirchhofer, A., Brzózka, K., Lammens, A., Lammens, K., Fujita, T., Conzelmann, K.-K., Krug, A., and Hopfner, K.-P. (2008). The C-terminal regulatory domain is the RNA 5′-triphosphate sensor of RIG-I. Mol. Cell *29*, 169–179.

D'agostino, P.M., Amenta, J.J., and Reiss, C.S. (2009). IFN-beta-induced alteration of VSV protein phosphorylation in neuronal cells. Viral Immunol. *22*, 353–369.

Damdinsuren, B., Nagano, H., Wada, H., Kondo, M., Ota, H., Nakamura, M., Noda, T., Natsag, J., Yamamoto, H., Doki, Y., et al. (2007). Stronger growth-inhibitory effect of interferon (IFN)-beta compared to IFN-alpha is mediated by IFN signaling pathway in hepatocellular carcinoma cells. Int. J. Oncol. *30*, 201–208.

Desmyter, J., Melnick, J.L., and Rawls, W.E. (1968). Defectiveness of interferon production and of rubella virus interference in a line of African green monkey kidney cells (Vero). J. Virol. *2*, 955–961.

Diao, F., Li, S., Tian, Y., Zhang, M., Xu, L.-G., Zhang, Y., Wang, R.-P., Chen, D., Zhai, Z., Zhong, B., et al. (2007). Negative regulation of MDA5- but not RIG-I-mediated innate antiviral signaling by the dihydroxyacetone kinase. Proc. Natl. Acad. Sci. U. S. A. *104*, 11706–11711.

Dixit, E., and Kagan, J.C. (2013). Intracellular pathogen detection by RIG-I-like receptors. Adv. Immunol. *117*, 99–125.

Dixit, E., Boulant, S., Zhang, Y., Lee, A.S.Y., Odendall, C., Shum, B., Hacohen, N., Chen, Z.J., Whelan, S.P., Fransen, M., et al. (2010). Peroxisomes are signaling platforms for antiviral innate immunity. Cell *141*, 668–681.

Eguchi, H., Nagano, H., Yamamoto, H., Miyamoto, A., Kondo, M., Dono, K., Nakamori, S., Umeshita, K., Sakon, M., and Monden, M. (2000a). Augmentation of antitumor activity of 5-fluorouracil by interferon alpha is associated with up-regulation of p27Kip1 in human hepatocellular carcinoma cells. Clin. Cancer Res. Off. J. Am. Assoc. Cancer Res. *6*, 2881–2890.

Eguchi, H., Nagano, H., Yamamoto, H., Miyamoto, A., Kondo, M., Dono, K., Nakamori, S., Umeshita, K., Sakon, M., and Monden, M. (2000b). Augmentation of antitumor activity of 5-fluorouracil by interferon alpha is associated with up-regulation of p27Kip1 in human hepatocellular carcinoma cells. Clin. Cancer Res. Off. J. Am. Assoc. Cancer Res. *6*, 2881–2890.

Eisenächer, K., and Krug, A. (2012). Regulation of RLR-mediated innate immune signaling--it is all about keeping the balance. Eur. J. Cell Biol. *91*, 36–47.

Fairman-Williams, M.E., Guenther, U.-P., and Jankowsky, E. (2010). SF1 and SF2 helicases: family matters. Curr. Opin. Struct. Biol. *20*, 313–324.

Fan, L., Briese, T., and Lipkin, W.I. (2010). Z proteins of New World arenaviruses bind RIG-I and interfere with type I interferon induction. J. Virol. *84*, 1785–1791.

Feng, Q., Hato, S.V., Langereis, M.A., Zoll, J., Virgen-Slane, R., Peisley, A., Hur, S., Semler, B.L., van Rij, R.P., and van Kuppeveld, F.J.M. (2012). MDA5 detects the double-stranded RNA replicative form in picornavirus-infected cells. Cell Reports *2*, 1187–1196.

Gack, M.U., Shin, Y.C., Joo, C.-H., Urano, T., Liang, C., Sun, L., Takeuchi, O., Akira, S., Chen, Z., Inoue, S., et al. (2007). TRIM25 RING-finger E3 ubiquitin ligase is essential for RIG-I-mediated antiviral activity. Nature *446*, 916–920.

Gack, M.U., Kirchhofer, A., Shin, Y.C., Inn, K.-S., Liang, C., Cui, S., Myong, S., Ha, T., Hopfner, K.-P., and Jung, J.U. (2008). Roles of RIG-I N-terminal tandem CARD and splice variant in TRIM25-mediated antiviral signal transduction. Proc. Natl. Acad. Sci. U. S. A. *105*, 16743–16748.

Gack, M.U., Albrecht, R.A., Urano, T., Inn, K.-S., Huang, I.-C., Carnero, E., Farzan, M., Inoue, S., Jung, J.U., and García-Sastre, A. (2009). Influenza A virus NS1 targets the ubiquitin ligase TRIM25 to evade recognition by the host viral RNA sensor RIG-I. Cell Host Microbe *5*, 439–449.

Gambin, A., Charzynska, A., Ellert-Miklaszewska, A., and Rybinski, M. (2013). Computational models of the JAK1/2-STAT1 signaling. JAKSTAT *2*.

Gao, D., Yang, Y.-K., Wang, R.-P., Zhou, X., Diao, F.-C., Li, M.-D., Zhai, Z.-H., Jiang, Z.-F., and Chen, D.-Y. (2009). REUL is a novel E3 ubiquitin ligase and stimulator of retinoic-acid-inducible gene-I. PloS One *4*, e5760.

Garcin, D., Lezzi, M., Dobbs, M., Elliott, R.M., Schmaljohn, C., Kang, C.Y., and Kolakofsky, D. (1995). The 5′ ends of Hantaan virus (Bunyaviridae) RNAs suggest a prime-and-realign mechanism for the initiation of RNA synthesis. J. Virol. *69*, 5754–5762.

Gee, P., Chua, P.K., Gevorkyan, J., Klumpp, K., Najera, I., Swinney, D.C., and Deval, J. (2008). Essential Role of the N-terminal Domain in the Regulation of RIG-I ATPase Activity. J. Biol. Chem. *283*, 9488–9496.

Gely, S., Lowry, D.F., Bernard, C., Jensen, M.R., Blackledge, M., Costanzo, S., Bourhis, J.-M., Darbon, H., Daughdrill, G., and Longhi, S. (2010). Solution structure of the C-terminal X domain of the measles virus phosphoprotein and interaction with the intrinsically disordered C-terminal domain of the nucleoprotein. J. Mol. Recognit. JMR *23*, 435–447.

Gerlier, D., and Lyles, D.S. (2011). Interplay between innate immunity and negative-strand RNA viruses: towards a rational model. Microbiol. Mol. Biol. Rev. MMBR *75*, 468–490, second page of table of contents.

Gerlier, D., and Valentin, H. (2009). Measles virus interaction with host cells and impact on innate immunity. Curr. Top. Microbiol. Immunol. *329*, 163–191.

Ghannam, A., Hammache, D., Matias, C., Louwagie, M., Garin, J., and Gerlier, D. (2008). High-density rafts preferentially host the complement activator measles virus F glycoprotein but not the regulators of complement activation. Mol. Immunol. *45*, 3036–3044.

Gitlin, L., Benoit, L., Song, C., Cella, M., Gilfillan, S., Holtzman, M.J., and Colonna, M. (2010). Melanoma differentiation-associated gene 5 (MDA5) is involved in the innate immune response to Paramyxoviridae infection in vivo. PLoS Pathog. *6*, e1000734.

Green, T.J., Zhang, X., Wertz, G.W., and Luo, M. (2006). Structure of the vesicular stomatitis virus nucleoprotein-RNA complex. Science *313*, 357–360.

Gupta, K.C., and Kingsbury, D.W. (1985). Polytranscripts of Sendai virus do not contain intervening polyadenylate sequences. Virology *141*, 102–109.

Habjan, M., Andersson, I., Klingström, J., Schümann, M., Martin, A., Zimmermann, P., Wagner, V., Pichlmair, A., Schneider, U., Mühlberger, E., et al. (2008). Processing of genome 5′ termini as a strategy of negative-strand RNA viruses to avoid RIG-I-dependent interferon induction. PloS One *3*, e2032.

Hornung, V., Ellegast, J., Kim, S., Brzózka, K., Jung, A., Kato, H., Poeck, H., Akira, S., Conzelmann, K.-K., Schlee, M., et al. (2006). 5′-Triphosphate RNA is the ligand for RIG-I. Science *314*, 994–997.

Hou, F., Sun, L., Zheng, H., Skaug, B., Jiang, Q.-X., and Chen, Z.J. (2011). MAVS forms functional prion-like aggregates to activate and propagate antiviral innate immune response. Cell *146*, 448–461.

Irie, T., Kiyotani, K., Igarashi, T., Yoshida, A., and Sakaguchi, T. (2012). Inhibition of interferon regulatory factor 3 activation by paramyxovirus V protein. J. Virol. *86*, 7136–7145.

Ishikawa, H., and Barber, G.N. (2008). STING is an endoplasmic reticulum adaptor that facilitates innate immune signalling. Nature *455*, 674–678.

Jennings, S., Martínez-Sobrido, L., García-Sastre, A., Weber, F., and Kochs, G. (2005). Thogoto virus ML protein suppresses IRF3 function. Virology *331*, 63–72.

Jiang, F., Ramanathan, A., Miller, M.T., Tang, G.-Q., Gale, M., Jr, Patel, S.S., and Marcotrigiano, J. (2011). Structural basis of RNA recognition and activation by innate immune receptor RIG-I. Nature *479*, 423–427.

Jiang, X., Kinch, L., Brautigam, C.A., Chen, X., Du, F., Grishin, N., and Chen, Z.J. (2012). Ubiquitin-Induced Oligomerization of the RNA Sensors RIG-I and MDA5 Activates Antiviral Innate Immune Response. Immunity *36*, 959–973.

Johnsen, I.B., Nguyen, T.T., Bergstroem, B., Fitzgerald, K.A., and Anthonsen, M.W. (2009). The tyrosine kinase c-Src enhances RIG-I (retinoic acid-inducible gene I)-elicited antiviral signaling. J. Biol. Chem. *284*, 19122–19131.

Kato, H., Takeuchi, O., Sato, S., Yoneyama, M., Yamamoto, M., Matsui, K., Uematsu, S., Jung, A., Kawai, T., Ishii, K.J., et al. (2006). Differential roles of MDA5 and RIG-I helicases in the recognition of RNA viruses. Nature *441*, 101–105.

Kato, H., Takeuchi, O., Mikamo-Satoh, E., Hirai, R., Kawai, T., Matsushita, K., Hiiragi, A., Dermody, T.S., Fujita, T., and Akira, S. (2008). Length-dependent recognition of double-stranded ribonucleic acids by retinoic acid-inducible gene-I and melanoma differentiation-associated gene 5. J. Exp. Med. *205*, 1601–1610.

Kawai, T., Takahashi, K., Sato, S., Coban, C., Kumar, H., Kato, H., Ishii, K.J., Takeuchi, O., and Akira, S. (2005). IPS-1, an adaptor triggering RIG-I- and Mda5-mediated type I interferon induction. Nat. Immunol. *6*, 981–988.

Keskinen, P., Nyqvist, M., Sareneva, T., Pirhonen, J., Melén, K., and Julkunen, I. (1999a). Impaired antiviral response in human hepatoma cells. Virology *263*, 364–375.

Keskinen, P., Nyqvist, M., Sareneva, T., Pirhonen, J., Melén, K., and Julkunen, I. (1999b). Impaired antiviral response in human hepatoma cells. Virology *263*, 364–375.

Kohlway, A., Luo, D., Rawling, D.C., Ding, S.C., and Pyle, A.M. (2013). Defining the functional determinants for RNA surveillance by RIG-I. EMBO Rep.

Kolakofsky, D. (1976). Isolation and characterization of Sendai virus DI-RNAs. Cell *8*, 547–555.

Komuro, A., and Horvath, C.M. (2006). RNA- and virus-independent inhibition of antiviral signaling by RNA helicase LGP2. J. Virol. *80*, 12332–12342.

Komuro, A., Bamming, D., and Horvath, C.M. (2008). Negative regulation of cytoplasmic RNA-mediated antiviral signaling. Cytokine *43*, 350–358.

Kowalinski, E., Lunardi, T., McCarthy, A.A., Louber, J., Brunel, J., Grigorov, B., Gerlier, D., and Cusack, S. (2011a). Structural basis for the activation of innate immune pattern-recognition receptor RIG-I by viral RNA. Cell *147*, 423–435.

Kowalinski, E., Lunardi, T., McCarthy, A.A., Louber, J., Brunel, J., Grigorov, B., Gerlier, D., and Cusack, S. (2011b). Structural basis for the activation of innate immune pattern-recognition receptor RIG-I by viral RNA. Cell *147*, 423–435.

Kumar, H., Kawai, T., and Akira, S. (2011). Pathogen recognition by the innate immune system. Int. Rev. Immunol. *30*, 16–34.

Li, K., Chen, Z., Kato, N., Gale, M., Jr, and Lemon, S.M. (2005a). Distinct poly(I-C) and virus-activated signaling pathways leading to interferon-beta production in hepatocytes. J. Biol. Chem. *280*, 16739–16747.

Li, K., Chen, Z., Kato, N., Gale, M., Jr, and Lemon, S.M. (2005b). Distinct poly(I-C) and virus-activated signaling pathways leading to interferon-beta production in hepatocytes. J. Biol. Chem. *280*, 16739–16747.

Li, X., Lu, C., Stewart, M., Xu, H., Strong, R.K., Igumenova, T., and Li, P. (2009a). Structural basis of double-stranded RNA recognition by the RIG-I like receptor MDA5. Arch. Biochem. Biophys. *488*, 23–33.

Li, X., Ranjith-Kumar, C.T., Brooks, M.T., Dharmaiah, S., Herr, A.B., Kao, C., and Li, P. (2009b). The RIG-I-like receptor LGP2 recognizes the termini of double-stranded RNA. J. Biol. Chem. *284*, 13881–13891.

Li, X., Ranjith-Kumar, C.T., Brooks, M.T., Dharmaiah, S., Herr, A.B., Kao, C., and Li, P. (2009c). The RIG-I-like receptor LGP2 recognizes the termini of double-stranded RNA. J. Biol. Chem. *284*, 13881–13891.

Lin, R., Yang, L., Nakhaei, P., Sun, Q., Sharif-Askari, E., Julkunen, I., and Hiscott, J. (2006). Negative regulation of the retinoic acid-inducible gene I-induced antiviral state by the ubiquitin-editing protein A20. J. Biol. Chem. *281*, 2095–2103.

Linder, P., and Jankowsky, E. (2011). From unwinding to clamping - the DEAD box RNA helicase family. Nat. Rev. Mol. Cell Biol. *12*, 505–516.

Ling, Z., Tran, K.C., and Teng, M.N. (2009). Human respiratory syncytial virus nonstructural protein NS2 antagonizes the activation of beta interferon transcription by interacting with RIG-I. J. Virol. *83*, 3734–3742.

Liu, H.M., Loo, Y.-M., Horner, S.M., Zornetzer, G.A., Katze, M.G., and Gale, M., Jr (2012). The mitochondrial targeting chaperone 14-3-3ε regulates a RIG-I translocon that mediates membrane association and innate antiviral immunity. Cell Host Microbe *11*, 528–537.

Longhi, S. (2009). Nucleocapsid structure and function. Curr. Top. Microbiol. Immunol. *329*, 103–128.

Loo, Y.-M., and Gale, M., Jr (2011). Immune signaling by RIG-I-like receptors. Immunity *34*, 680–692.

Loo, Y.-M., Fornek, J., Crochet, N., Bajwa, G., Perwitasari, O., Martinez-Sobrido, L., Akira, S., Gill, M.A., García-Sastre, A., Katze, M.G., et al. (2008). Distinct RIG-I and MDA5 signaling by RNA viruses in innate immunity. J. Virol. *82*, 335–345.

Lu, C., Xu, H., Ranjith-Kumar, C.T., Brooks, M.T., Hou, T.Y., Hu, F., Herr, A.B., Strong, R.K., Kao, C.C., and Li, P. (2010). The structural basis of 5′ triphosphate double-stranded RNA recognition by RIG-I C-terminal domain. Struct. Lond. Engl. 1993 *18*, 1032–1043.

Luo, D., Ding, S.C., Vela, A., Kohlway, A., Lindenbach, B.D., and Pyle, A.M. (2011). Structural insights into RNA recognition by RIG-I. Cell *147*, 409–422.

Luthra, P., Sun, D., Silverman, R.H., and He, B. (2011). Activation of IFN-β expression by a viral mRNA through RNase L and MDA5. Proc. Natl. Acad. Sci. U. S. A. *108*, 2118–2123.

Marq, J.-B., Hausmann, S., Luban, J., Kolakofsky, D., and Garcin, D. (2009). The double-stranded RNA binding domain of the vaccinia virus E3L protein inhibits both RNA- and DNA-induced activation of interferon beta. J. Biol. Chem. *284*, 25471–25478.

Marq, J.-B., Kolakofsky, D., and Garcin, D. (2010). Unpaired 5? ppp-Nucleotides, as Found in Arenavirus Double-stranded RNA Panhandles, Are Not Recognized by RIG-I. J. Biol. Chem. *285*, 18208–18216.

Marq, J.-B., Hausmann, S., Veillard, N., Kolakofsky, D., and Garcin, D. (2011a). Short Double-stranded RNAs with an Overhanging 5? ppp-Nucleotide, as Found in Arenavirus Genomes, Act as RIG-I Decoys. J. Biol. Chem. *286*, 6108–6116.

Marq, J.-B., Hausmann, S., Veillard, N., Kolakofsky, D., and Garcin, D. (2011b). Short double-stranded RNAs with an overhanging 5′ ppp-nucleotide, as found in arenavirus genomes, act as RIG-I decoys. J. Biol. Chem. *286*, 6108–6116.

Marques, J.T., Devosse, T., Wang, D., Zamanian-Daryoush, M., Serbinowski, P., Hartmann, R., Fujita, T., Behlke, M.A., and Williams, B.R.G. (2006). A structural basis for discriminating between self and nonself double-stranded RNAs in mammalian cells. Nat. Biotechnol. *24*, 559–565.

Masters, P.S., and Samuel, C.E. (1984). Mechanism of interferon action. Inhibition of vesicular stomatitis virus in human amnion U cells by cloned human leukocyte interferon. Biochem. Biophys. Res. Commun. *119*, 326–334.

Le May, N., Dubaele, S., Proietti De Santis, L., Billecocq, A., Bouloy, M., and Egly, J.-M. (2004). TFIIH transcription factor, a target for the Rift Valley hemorrhagic fever virus. Cell *116*, 541–550.

Le May, N., Mansuroglu, Z., Léger, P., Josse, T., Blot, G., Billecocq, A., Flick, R., Jacob, Y., Bonnefoy, E., and Bouloy, M. (2008). A SAP30 complex inhibits IFN-beta expression in Rift Valley fever virus infected cells. PLoS Pathog. *4*, e13.

McCartney, S.A., Thackray, L.B., Gitlin, L., Gilfillan, S., Virgin, H.W., Virgin Iv, H.W., and Colonna, M. (2008). MDA-5 recognition of a murine norovirus. PLoS Pathog. *4*, e1000108.

Melchjorsen, J. (2013). Learning from the messengers: innate sensing of viruses and cytokine regulation of immunity - clues for treatments and vaccines. Viruses *5*, 470–527.

Melchjorsen, J., Rintahaka, J., Søby, S., Horan, K.A., Poltajainen, A., Østergaard, L., Paludan, S.R., and Matikainen, S. (2010). Early innate recognition of herpes simplex virus in human primary macrophages is mediated via the MDA5/MAVS-dependent and MDA5/MAVS/RNA polymerase III-independent pathways. J. Virol. *84*, 11350–11358.

Meurs, E.F., and Breiman, A. (2007). The interferon inducing pathways and the hepatitis C virus. World J. Gastroenterol. WJG *13*, 2446–2454.

Meylan, E., Curran, J., Hofmann, K., Moradpour, D., Binder, M., Bartenschlager, R., and Tschopp, J. (2005). Cardif is an adaptor protein in the RIG-I antiviral pathway and is targeted by hepatitis C virus. Nature *437*, 1167–1172.

Moresco, E.M.Y., Vine, D.L., and Beutler, B. (2011). Prion-like behavior of MAVS in RIG-I signaling. Cell Res. *21*, 1643–1645.

Murali, A., Li, X., Ranjith-Kumar, C.T., Bhardwaj, K., Holzenburg, A., Li, P., and Kao, C.C. (2008). Structure and function of LGP2, a DEX(D/H) helicase that regulates the innate immunity response. J. Biol. Chem. *283*, 15825–15833.

Myong, S., Cui, S., Cornish, P.V., Kirchhofer, A., Gack, M.U., Jung, J.U., Hopfner, K.-P., and Ha, T. (2009a). Cytosolic viral sensor RIG-I is a 5'-triphosphate-dependent translocase on double-stranded RNA. Science *323*, 1070–1074.

Myong, S., Cui, S., Cornish, P.V., Kirchhofer, A., Gack, M.U., Jung, J.U., Hopfner, K.-P., and Ha, T. (2009b). Cytosolic Viral Sensor RIG-I Is a 5'-Triphosphate–Dependent Translocase on Double-Stranded RNA. Science *323*, 1070–1074.

Nakabayashi, H., Taketa, K., Miyano, K., Yamane, T., and Sato, J. (1982). Growth of human hepatoma cells lines with differentiated functions in chemically defined medium. Cancer Res. *42*, 3858–3863.

Nemeroff, M.E., Barabino, S.M., Li, Y., Keller, W., and Krug, R.M. (1998). Influenza virus NS1 protein interacts with the cellular 30 kDa subunit of CPSF and inhibits 3'end formation of cellular pre-mRNAs. Mol. Cell *1*, 991–1000.

Nistal-Villán, E., Gack, M.U., Martínez-Delgado, G., Maharaj, N.P., Inn, K.-S., Yang, H., Wang, R., Aggarwal, A.K., Jung, J.U., and García-Sastre, A. (2010). Negative role of RIG-I serine 8 phosphorylation in the regulation of interferon-beta production. J. Biol. Chem. *285*, 20252–20261.

Noton, S.L., Deflubé, L.R., Tremaglio, C.Z., and Fearns, R. (2012). The respiratory syncytial virus polymerase has multiple RNA synthesis activities at the promoter. PLoS Pathog. *8*, e1002980.

O'Neill, L.A.J., and Bowie, A.G. (2010). Sensing and signaling in antiviral innate immunity. Curr. Biol. CB *20*, R328–333.

O'Shea, E.K., Klemm, J.D., Kim, P.S., and Alber, T. (1991). X-ray structure of the GCN4 leucine zipper, a two-stranded, parallel coiled coil. Science *254*, 539–544.

Okabe, Y., Sano, T., and Nagata, S. (2009). Regulation of the innate immune response by threonine-phosphatase of Eyes absent. Nature *460*, 520–524.

Onoguchi, K., Yoneyama, M., and Fujita, T. (2011). Retinoic acid-inducible gene-I-like receptors. J. Interf. Cytokine Res. Off. J. Int. Soc. Interf. Cytokine Res. *31*, 27–31.

Oshiumi, H., Matsumoto, M., Hatakeyama, S., and Seya, T. (2009). Riplet/RNF135, a RING finger protein, ubiquitinates RIG-I to promote interferon-beta induction during the early phase of viral infection. J. Biol. Chem. *284*, 807–817.

Oshiumi, H., Sakai, K., Matsumoto, M., and Seya, T. (2010). DEAD/H BOX 3 (DDX3) helicase binds the RIG-I adaptor IPS-1 to up-regulate IFN-beta-inducing potential. Eur. J. Immunol. *40*, 940–948.

Oshiumi, H., Miyashita, M., Matsumoto, M., and Seya, T. (2013). A Distinct Role of Riplet-Mediated K63-Linked Polyubiquitination of the RIG-I Repressor Domain in Human Antiviral Innate Immune Responses. PLoS Pathog. *9*, e1003533.

Parisien, J.-P., Bamming, D., Komuro, A., Ramachandran, A., Rodriguez, J.J., Barber, G., Wojahn, R.D., and Horvath, C.M. (2009). A shared interface mediates paramyxovirus interference with antiviral RNA helicases MDA5 and LGP2. J. Virol. *83*, 7252–7260.

Patel, J.R., Jain, A., Chou, Y.-Y., Baum, A., Ha, T., and García-Sastre, A. (2013). ATPase-driven oligomerization of RIG-I on RNA allows optimal activation of type-I interferon. EMBO Rep.

Paz, S., Vilasco, M., Arguello, M., Sun, Q., Lacoste, J., Nguyen, T.L.-A., Zhao, T., Shestakova, E.A., Zaari, S., Bibeau-Poirier, A., et al. (2009). Ubiquitin-regulated recruitment of IkappaB kinase epsilon to the MAVS interferon signaling adapter. Mol. Cell. Biol. *29*, 3401–3412.

Peisley, A., Lin, C., Wu, B., Orme-Johnson, M., Liu, M., Walz, T., and Hur, S. (2011). Cooperative assembly and dynamic disassembly of MDA5 filaments for viral dsRNA recognition. Proc. Natl. Acad. Sci. U. S. A. *108*, 21010–21015.

Perrault, J., and Leavitt, R.W. (1978). Inverted complementary terminal sequences in single-stranded RNAs and snap-back RNAs from vesicular stomatitis defective interfering particles. J. Gen. Virol. *38*, 35–50.

Pichlmair, A., Schulz, O., Tan, C.P., Näslund, T.I., Liljeström, P., Weber, F., and Reis e Sousa, C. (2006). RIG-I-mediated antiviral responses to single-stranded RNA bearing 5'-phosphates. Science *314*, 997–1001.

Pichlmair, A., Schulz, O., Tan, C.-P., Rehwinkel, J., Kato, H., Takeuchi, O., Akira, S., Way, M., Schiavo, G., and Reis e Sousa, C. (2009). Activation of MDA5 requires higher-order RNA structures generated during virus infection. J. Virol. *83*, 10761–10769.

Pippig, D.A., Hellmuth, J.C., Cui, S., Kirchhofer, A., Lammens, K., Lammens, A., Schmidt, A., Rothenfusser, S., and Hopfner, K.-P. (2009). The regulatory domain of the RIG-I family ATPase LGP2 senses double-stranded RNA. Nucleic Acids Res. *37*, 2014–2025.

Plumet, S., Herschke, F., Bourhis, J.-M., Valentin, H., Longhi, S., and Gerlier, D. (2007). Cytosolic 5'-triphosphate ended viral leader transcript of measles virus as activator of the RIG I-mediated interferon response. PloS One *2*, e279.

Pothlichet, J., Burtey, A., Kubarenko, A.V., Caignard, G., Solhonne, B., Tangy, F., Ben-Ali, M., Quintana-Murci, L., Heinzmann, A., Chiche, J.-D., et al. (2009). Study of human RIG-I polymorphisms identifies two variants with an opposite impact on the antiviral immune response. PloS One *4*, e7582.

Radecke, F., Spielhofer, P., Schneider, H., Kaelin, K., Huber, M., Dötsch, C., Christiansen, G., and Billeter, M.A. (1995a). Rescue of measles viruses from cloned DNA. EMBO J. *14*, 5773–5784.

Radecke, F., Spielhofer, P., Schneider, H., Kaelin, K., Huber, M., Dötsch, C., Christiansen, G., and Billeter, M.A. (1995b). Rescue of measles viruses from cloned DNA. EMBO J. *14*, 5773–5784.

Rajani, K.R., Pettit Kneller, E.L., McKenzie, M.O., Horita, D.A., Chou, J.W., and Lyles, D.S. (2012). Complexes of vesicular stomatitis virus matrix protein with host Rae1 and Nup98 involved in inhibition of host transcription. PLoS Pathog. *8*, e1002929.

Ranjan, P., Bowzard, J.B., Schwerzmann, J.W., Jeisy-Scott, V., Fujita, T., and Sambhara, S. (2009). Cytoplasmic nucleic acid sensors in antiviral immunity. Trends Mol. Med. *15*, 359–368.

Ranjith-Kumar, C.T., Murali, A., Dong, W., Srisathiyanarayanan, D., Vaughan, R., Ortiz-Alacantara, J., Bhardwaj, K., Li, X., Li, P., and Kao, C.C. (2009). Agonist and antagonist recognition by RIG-I, a cytoplasmic innate immunity receptor. J. Biol. Chem. *284*, 1155–1165.

Rehwinkel, J., Tan, C.P., Goubau, D., Schulz, O., Pichlmair, A., Bier, K., Robb, N., Vreede, F., Barclay, W., Fodor, E., et al. (2010). RIG-I detects viral genomic RNA during negative-strand RNA virus infection. Cell *140*, 397–408.

Remy, I., and Michnick, S.W. (2006). A highly sensitive protein-protein interaction assay based on Gaussia luciferase. Nat. Methods *3*, 977–979.

Ren, J., Liu, T., Pang, L., Li, K., Garofalo, R.P., Casola, A., and Bao, X. (2011). A novel mechanism for the inhibition of interferon regulatory factor-3-dependent gene expression by human respiratory syncytial virus NS1 protein. J. Gen. Virol. *92*, 2153–2159.

Rieder, M., and Conzelmann, K.-K. (2009). Rhabdovirus evasion of the interferon system. J. Interf. Cytokine Res. Off. J. Int. Soc. Interf. Cytokine Res. *29*, 499–509.

Rodriguez, K.R., and Horvath, C.M. (2013). Amino acid requirements for MDA5 and LGP2 recognition by paramyxovirus V proteins: a single arginine distinguishes MDA5 from RIG-I. J. Virol. *87*, 2974–2978.

Rothenfusser, S., Goutagny, N., DiPerna, G., Gong, M., Monks, B.G., Schoenemeyer, A., Yamamoto, M., Akira, S., and Fitzgerald, K.A. (2005). The RNA helicase Lgp2 inhibits TLR-independent sensing of viral replication by retinoic acid-inducible gene-I. J. Immunol. Baltim. Md 1950 *175*, 5260–5268.

Saito, T., Hirai, R., Loo, Y.-M., Owen, D., Johnson, C.L., Sinha, S.C., Akira, S., Fujita, T., and Gale, M. (2007). Regulation of innate antiviral defenses through a shared repressor domain in RIG-I and LGP2. Proc. Natl. Acad. Sci. U. S. A. *104*, 582–587.

Sanada, T., Takaesu, G., Mashima, R., Yoshida, R., Kobayashi, T., and Yoshimura, A. (2008). FLN29 deficiency reveals its negative regulatory role in the Toll-like receptor (TLR) and retinoic acid-inducible gene I (RIG-I)-like helicase signaling pathway. J. Biol. Chem. *283*, 33858–33864.

Sasaki, O., Yoshizumi, T., Kuboyama, M., Ishihara, T., Suzuki, E., Kawabata, S., and Koshiba, T. (2013). A structural perspective of the MAVS-regulatory mechanism on the mitochondrial outer membrane using bioluminescence resonance energy transfer. Biochim. Biophys. Acta *1833*, 1017–1027.

Satoh, T., Kato, H., Kumagai, Y., Yoneyama, M., Sato, S., Matsushita, K., Tsujimura, T., Fujita, T., Akira, S., and Takeuchi, O. (2010). LGP2 is a positive regulator of RIG-I- and MDA5-mediated antiviral responses. Proc. Natl. Acad. Sci. U. S. A. *107*, 1512–1517.

Schlee, M. (2013). Master sensors of pathogenic RNA - RIG-I like receptors. Immunobiology.

Schlee, M., and Hartmann, G. (2010). The chase for the RIG-I ligand--recent advances. Mol. Ther. J. Am. Soc. Gene Ther. *18*, 1254–1262.

Schlee, M., Roth, A., Hornung, V., Hagmann, C.A., Wimmenauer, V., Barchet, W., Coch, C., Janke, M., Mihailovic, A., Wardle, G., et al. (2009). Recognition of 5' triphosphate by RIG-I helicase requires short blunt double-stranded RNA as contained in panhandle of negative-strand virus. Immunity *31*, 25–34.

Schmidt, A., Schwerd, T., Hamm, W., Hellmuth, J.C., Cui, S., Wenzel, M., Hoffmann, F.S., Michallet, M.-C., Besch, R., Hopfner, K.-P., et al. (2009). 5'-triphosphate RNA requires base-paired structures to activate antiviral signaling via RIG-I. Proc. Natl. Acad. Sci. U. S. A. *106*, 12067–12072.

Sen, A., Feng, N., Ettayebi, K., Hardy, M.E., and Greenberg, H.B. (2009). IRF3 inhibition by rotavirus NSP1 is host cell and virus strain dependent but independent of NSP1 proteasomal degradation. J. Virol. *83*, 10322–10335.

Seth, R.B., Sun, L., Ea, C.-K., and Chen, Z.J. (2005). Identification and characterization of MAVS, a mitochondrial antiviral signaling protein that activates NF-kappaB and IRF 3. Cell *122*, 669–682.

Shigemoto, T., Kageyama, M., Hirai, R., Zheng, J., Yoneyama, M., and Fujita, T. (2009). Identification of Loss of Function Mutations in Human Genes Encoding RIG-I and MDA5. J. Biol. Chem. *284*, 13348–13354.

Shu, Y., Habchi, J., Costanzo, S., Padilla, A., Brunel, J., Gerlier, D., Oglesbee, M., and Longhi, S. (2012). Plasticity in structural and functional interactions between the phosphoprotein and nucleoprotein of measles virus. J. Biol. Chem. *287*, 11951–11967.

Da Silva, L.F., and Jones, C. (2013). Small non-coding RNAs encoded within the herpes simplex virus type 1 latency associated transcript (LAT) cooperate with the retinoic acid inducible gene I (RIG-I) to induce beta-interferon promoter activity and promote cell survival. Virus Res. *175*, 101–109.

Staeheli, P., Danielson, P., Haller, O., and Sutcliffe, J.G. (1986). Transcriptional activation of the mouse Mx gene by type I interferon. Mol. Cell. Biol. *6*, 4770–4774.

Sumpter, R., Loo, Y.-M., Foy, E., Li, K., Yoneyama, M., Fujita, T., Lemon, S.M., and Gale, M. (2005a). Regulating Intracellular Antiviral Defense and Permissiveness to Hepatitis C Virus RNA Replication through a Cellular RNA Helicase, RIG-I. J. Virol. *79*, 2689–2699.

Sumpter, R., Jr, Loo, Y.-M., Foy, E., Li, K., Yoneyama, M., Fujita, T., Lemon, S.M., and Gale, M., Jr (2005b). Regulating intracellular antiviral defense and permissiveness to hepatitis C virus RNA replication through a cellular RNA helicase, RIG-I. J. Virol. *79*, 2689–2699.

Sun, D., Luthra, P., Li, Z., and He, B. (2009a). PLK1 down-regulates parainfluenza virus 5 gene expression. PLoS Pathog. *5*, e1000525.

Sun, W., Li, Y., Chen, L., Chen, H., You, F., Zhou, X., Zhou, Y., Zhai, Z., Chen, D., and Jiang, Z. (2009b). ERIS, an endoplasmic reticulum IFN stimulator, activates innate immune signaling through dimerization. Proc. Natl. Acad. Sci. U. S. A. *106*, 8653–8658.

Sun, Z., Ren, H., Liu, Y., Teeling, J.L., and Gu, J. (2011). Phosphorylation of RIG-I by casein kinase II inhibits its antiviral response. J. Virol. *85*, 1036–1047.

Takahasi, K., Yoneyama, M., Nishihori, T., Hirai, R., Kumeta, H., Narita, R., Gale, M., Jr, Inagaki, F., and Fujita, T. (2008). Nonself RNA-sensing mechanism of RIG-I helicase and activation of antiviral immune responses. Mol. Cell *29*, 428–440.

Takahasi, K., Kumeta, H., Tsuduki, N., Narita, R., Shigemoto, T., Hirai, R., Yoneyama, M., Horiuchi, M., Ogura, K., Fujita, T., et al. (2009). Solution structures of cytosolic RNA sensor MDA5 and LGP2 C-terminal domains: identification of the RNA recognition loop in RIG-I-like receptors. J. Biol. Chem. *284*, 17465–17474.

Takeuchi, O., and Akira, S. (2010). Pattern recognition receptors and inflammation. Cell *140*, 805–820.

Tang, D., Kang, R., Coyne, C.B., Zeh, H.J., and Lotze, M.T. (2012). PAMPs and DAMPs: signal 0s that spur autophagy and immunity. Immunol. Rev. *249*, 158–175.

Tawar, R.G., Duquerroy, S., Vonrhein, C., Varela, P.F., Damier-Piolle, L., Castagné, N., MacLellan, K., Bedouelle, H., Bricogne, G., Bhella, D., et al. (2009). Crystal structure of a nucleocapsid-like nucleoprotein-RNA complex of respiratory syncytial virus. Science *326*, 1279–1283.

Tremaglio, C.Z., Noton, S.L., Deflubé, L.R., and Fearns, R. (2013). Respiratory syncytial virus polymerase can initiate transcription from position 3 of the leader promoter. J. Virol. *87*, 3196–3207.

Triantafilou, K., Vakakis, E., Kar, S., Richer, E., Evans, G.L., and Triantafilou, M. (2012). Visualisation of direct interaction of MDA5 and the dsRNA replicative intermediate form of positive strand RNA viruses. J. Cell Sci. *125*, 4761–4769.

Unterholzner, L. (2013). The interferon response to intracellular DNA: Why so many receptors? Immunobiology.

Venkataraman, T., Valdes, M., Elsby, R., Kakuta, S., Caceres, G., Saijo, S., Iwakura, Y., and Barber, G.N. (2007). Loss of DExD/H box RNA helicase LGP2 manifests disparate antiviral responses. J. Immunol. Baltim. Md 1950 *178*, 6444–6455.

Vitour, D., Dabo, S., Ahmadi Pour, M., Vilasco, M., Vidalain, P.-O., Jacob, Y., Mezel-Lemoine, M., Paz, S., Arguello, M., Lin, R., et al. (2009). Polo-like kinase 1 (PLK1) regulates interferon (IFN) induction by MAVS. J. Biol. Chem. *284*, 21797–21809.

Wang, Y., Ludwig, J., Schuberth, C., Goldeck, M., Schlee, M., Li, H., Juranek, S., Sheng, G., Micura, R., Tuschl, T., et al. (2010a). Structural and functional insights into 5'-ppp RNA pattern recognition by the innate immune receptor RIG-I. Nat. Struct. Mol. Biol. *17*, 781–787.

Wang, Y.-Y., Li, L., Han, K.-J., Zhai, Z., and Shu, H.-B. (2004). A20 is a potent inhibitor of TLR3- and Sendai virus-induced activation of NF-kappaB and ISRE and IFN-beta promoter. FEBS Lett. *576*, 86–90.

Wang, Y.-Y., Liu, L.-J., Zhong, B., Liu, T.-T., Li, Y., Yang, Y., Ran, Y., Li, S., Tien, P., and Shu, H.-B. (2010b). WDR5 is essential for assembly of the VISA-associated signaling complex and virus-triggered IRF3 and NF-kappaB activation. Proc. Natl. Acad. Sci. U. S. A. *107*, 815–820.

Weber, F., Wagner, V., Rasmussen, S.B., Hartmann, R., and Paludan, S.R. (2006). Double-stranded RNA is produced by positive-strand RNA viruses and DNA viruses but not in detectable amounts by negative-strand RNA viruses. J. Virol. *80*, 5059–5064.

Weber, M., Gawanbacht, A., Habjan, M., Rang, A., Borner, C., Schmidt, A.M., Veitinger, S., Jacob, R., Devignot, S., Kochs, G., et al. (2013). Incoming RNA virus nucleocapsids containing a 5'-triphosphorylated genome activate RIG-I and antiviral signaling. Cell Host Microbe *13*, 336–346.

Weichenrieder, O., Wild, K., Strub, K., and Cusack, S. (2000). Structure and assembly of the Alu domain of the mammalian signal recognition particle. Nature *408*, 167–173.

Whelan, S.P.J., Barr, J.N., and Wertz, G.W. (2004). Transcription and replication of nonsegmented negative-strand RNA viruses. Curr. Top. Microbiol. Immunol. *283*, 61–119.

Wies, E., Wang, M.K., Maharaj, N.P., Chen, K., Zhou, S., Finberg, R.W., and Gack, M.U. (2013). Dephosphorylation of the RNA sensors RIG-I and MDA5 by the phosphatase PP1 is essential for innate immune signaling. Immunity *38*, 437–449.

Wild, K., Sinning, I., and Cusack, S. (2001). Crystal structure of an early protein-RNA assembly complex of the signal recognition particle. Science *294*, 598–601.

Wilkins, C., and Gale, M., Jr (2010). Recognition of viruses by cytoplasmic sensors. Curr. Opin. Immunol. *22*, 41–47.

Wu, B., Peisley, A., Richards, C., Yao, H., Zeng, X., Lin, C., Chu, F., Walz, T., and Hur, S. (2013). Structural basis for dsRNA recognition, filament formation, and antiviral signal activation by MDA5. Cell *152*, 276–289.

Xu, L.-G., Wang, Y.-Y., Han, K.-J., Li, L.-Y., Zhai, Z., and Shu, H.-B. (2005). VISA is an adapter protein required for virus-triggered IFN-beta signaling. Mol. Cell *19*, 727–740.

Yang, Y.-K., Qu, H., Gao, D., Di, W., Chen, H.-W., Guo, X., Zhai, Z.-H., and Chen, D.-Y. (2011). ARF-like protein 16 (ARL16) inhibits RIG-I by binding with its C-terminal domain in a GTP-dependent manner. J. Biol. Chem. *286*, 10568–10580.

Yasukawa, K., Oshiumi, H., Takeda, M., Ishihara, N., Yanagi, Y., Seya, T., Kawabata, S., and Koshiba, T. (2009). Mitofusin 2 inhibits mitochondrial antiviral signaling. Sci. Signal. *2*, ra47.

Yoneyama, M., and Fujita, T. (2007). RIG-I family RNA helicases: cytoplasmic sensor for antiviral innate immunity. Cytokine Growth Factor Rev. *18*, 545–551.

Yoneyama, M., and Fujita, T. (2009). RNA recognition and signal transduction by RIG-I-like receptors. Immunol. Rev. *227*, 54–65.

Yoneyama, M., and Fujita, T. (2010). Recognition of viral nucleic acids in innate immunity. Rev. Med. Virol. *20*, 4–22.

Yoneyama, M., Kikuchi, M., Natsukawa, T., Shinobu, N., Imaizumi, T., Miyagishi, M., Taira, K., Akira, S., and Fujita, T. (2004). The RNA helicase RIG-I has an essential function in double-stranded RNA-induced innate antiviral responses. Nat. Immunol. *5*, 730–737.

Yoneyama, M., Kikuchi, M., Matsumoto, K., Imaizumi, T., Miyagishi, M., Taira, K., Foy, E., Loo, Y.-M., Gale, M., Jr, Akira, S., et al. (2005). Shared and unique functions of the DExD/H-box helicases RIG-I, MDA5, and LGP2 in antiviral innate immunity. J. Immunol. Baltim. Md 1950 *175*, 2851–2858.

Yoneyama, M., Onomoto, K., and Fujita, T. (2008). Cytoplasmic recognition of RNA. Adv. Drug Deliv. Rev. *60*, 841–846.

Yuan, H., Yoza, B.K., and Lyles, D.S. (1998). Inhibition of host RNA polymerase II-dependent transcription by vesicular stomatitis virus results from inactivation of TFIID. Virology *251*, 383–392.

Zeng, W., Sun, L., Jiang, X., Chen, X., Hou, F., Adhikari, A., Xu, M., and Chen, Z.J. (2010). Reconstitution of the RIG-I pathway reveals a signaling role of unanchored polyubiquitin chains in innate immunity. Cell *141*, 315–330.

Zhang, M., Wu, X., Lee, A.J., Jin, W., Chang, M., Wright, A., Imaizumi, T., and Sun, S.-C. (2008). Regulation of IkappaB kinase-related kinases and antiviral responses by tumor suppressor CYLD. J. Biol. Chem. *283*, 18621–18626.

Zhong, B., Yang, Y., Li, S., Wang, Y.-Y., Li, Y., Diao, F., Lei, C., He, X., Zhang, L., Tien, P., et al. (2008). The adaptor protein MITA links virus-sensing receptors to IRF3 transcription factor activation. Immunity *29*, 538–550.

Züst, R., Cervantes-Barragan, L., Habjan, M., Maier, R., Neuman, B.W., Ziebuhr, J., Szretter, K.J., Baker, S.C., Barchet, W., Diamond, M.S., et al. (2011). Ribose 2′-O-methylation provides a molecular signature for the distinction of self and non-self mRNA dependent on the RNA sensor Mda5. Nat. Immunol. *12*, 137–143.

Figure legends

Figure 1: Oligomeric State of RIG-I:RNA complexes *in vitro*
37 mM RIG-I and RIG-I:RNA complexes formed by incubation with 40 mM of a T7 transcribed and gel purified RNA and 2 mM ATP analog were analyzed by size-exclusion chromatography on a S200 column coupled to multiangle laser light scattering (SEC MALLS). Free RIG-I as well as the RIG-I:RNA complex elute as monomers or 1:1 complexes, respectively, with apparent molecular weights of 101 kDa ± 2% and 111 kDa ± 2%. Theoretical values are 106 kDa for RIG-I and 11.8 kDa for the RNA.

Figure 2: RIG-I binding to synthetic RNA and activation of IFN-β promoter.
(A) Expression of Flag-RIG-I in Huh7.5 cells two days after transfection and analyzed by western blot as revealed with Flag-specific antibody.
(B) Dose-response curves of luciferase expression driven under the control of the IFN-β promoter measured 24 h after transfection with variable amounts of synthetic RNA in Huh7.5 cells expressing or not Flag-RIG-I.
(C, D) Immunoprecipitation of RIG-I:RNA complexes formed *in cellula*. Synthetic RNA were transfected in Huh7.5 cells previously transfected or not with Flag-RIG-I or Flag-RIG-I-ko one day before. Cells were harvested 6 hours after RNA transfection and RIG-I:RNA complexes were eluted from anti-Flag antibody immobilized on beads with a Flag peptide. (C) Expression of Flag-RIG-I in western blot. (D) RNA immunoprecipitated with Flag-RIG-I and analyzed by RT-PCR.

Figure 3: Analysis of RIG-I oligomerization *in cellula* as determined by co-immunoprecipitation 18 hours after stimulation by a cognate RNA ligand.
(A) Efficiency of Flag-RIG-I and Cl25-RIG-I to activate the IFN-β promoter after Poly(I:C) transfection. See figure 2 legend for details.
(B) Efficiency of synthetic RNA to activate the IFN-β.
(C, D) Lack of co-immunoprecipitation of Cl25-RIG-I with Flag-RIG-I after their co-transfection in Huh7.5 cells and stimulation with Poly(I:C), $^{5'PPP}$ssRNA(61mer) or $^{5'PPP}$dsRNA(61mer) (B) or measles virus infection (MOI 1) as detected by western blot.
(E) Nonsensical co-immunoprecipitation of Cl25-RIG-I with Flag-RIG-I expressed in 293T cells and after transfection of 1 µg and 50 ng of $^{5'PPP}$dsRNA(61mer) or MeV infection (MOI 0.5).

Figure 4: Analysis of RIG-I oligomerization in Huh7.5 (A) and 293T (B) cells determined by co-immunoprecipitation 4 hours after stimulation with Poly(I:C) (A, B), $^{5'PPP}$ssRNA(61mer), $^{5'PPP}$dsRNA(61mer) (B) or MeV infection (MOI 1, A,B) of cells expressing Flag-RIG-I and Cl25-RIG-I.

Figure 5: Lack of RNA induced RIG-I oligomerization *in cellula* as detected using PCA.
(A) Ability of RIG-I/glu/gcn4 constructs for self-association in absence or presence of Poly(I:C) determined by PCA. Luciferase activity was measured 18 hours after transfection or not with Poly(I:C) in 293T cells transfected one day before with RIG-I/glu1/2/gcn4 constructs. (A, inset) Expression of chimeric RIG-I/glu1/2 constructs tagged with Cl25 or HA peptides in Huh7.5 cells two days after transfection as detected by western blot.
(B) Ability of RIG-I/glu/gcn4 chimeric proteins (left panel) and glu-gcn4 protein (right panel) for self-binding determined by western blot 24 hours post-transfection of 293T cells with glu1 or glu2 constructs alone or in combination. Lysate were separated without prior heat denaturation on SDS-PAGE before western blot analysis.

Figure S1: The anti-Flag immunoprecipitation procedure can detect complex formation between MeV N and FLAG-P proteins. Vero cells were infected with two measles virus expressing a wt P protein or a Flag-tagged P protein at MOI 0.1. The cell extracts, collected 20 h after the infection, were immunoprecipitated with Flag antibody coupled to beads. Proteins eluted with Flag peptide were analyzed by western blot using anti-P 49.21 and anti-N Cl25 monoclonal antibodies. Note the exclusive pull-down of N from cells infected with the Flag-P virus.

Figure S2: Efficient infection of Huh7.5 cells by Moraten-gfp measles virus strain, at MOI 1.
Vero cells and Huh7.5 cells were harvested 30 hours after infection and analyzed by flow cytometry for GFP expression with mean florescence intensity (left) and % of GFP expressing cells (right).

Figure S3: Ability of RIG-I/glu/gcn4 constructs for self-binding in absence or presence of Poly(I:C) determined by PCA. Luciferase activity was measured 4 hours after transfection or not with Poly(I:C) in 293T cells expressing RIG-I/glu1/2/gcn4 constructs.

Figure S4: Accessibility of gcn4 sequence in RIG-I/glu/gcn4 constructs for determination of RIG-I oligomerization by PCA. Luciferase activity was measured 24 hours after transfection of RIG-I/glu1/2/gcn4, gcn4/glu1/2 and MeV Ntail/XD/glu1/2/gcn4 constructs in 293T cells.

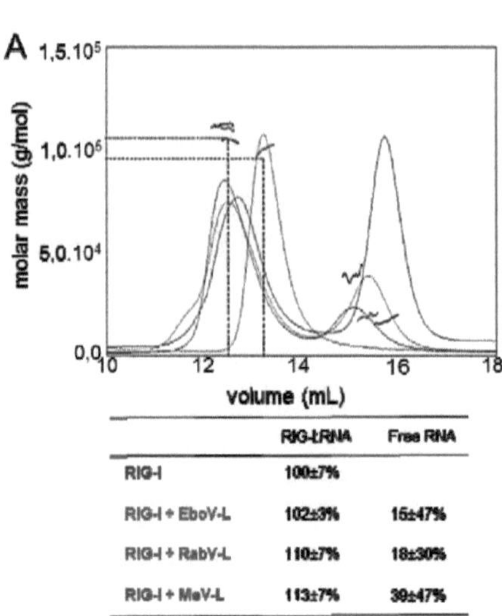

Figure 1

A
IB : Flag
DNA − +
130
95
RIG-I
36
kDa
GAPDH

B
30000
3000
300
IFNβ-luciferase (RLU)
0,1 1 10 100 1000
RNA (ng/well)
RabV-L
MeV-L
EboV-L
81-mer-5'ppp-ssRNA
81-mer-5'ppp-dsRNA

C
Input (IB : Flag)   Flag eluate (IP : Flag)
MeV-L   RabV-L   MeV-L   RabV-L
RIG-I ∅ wt ko ∅ wt ko ∅ wt ko ∅ wt ko
130
95
RIG-I
36
kDa
GAPDH

D
Input   Flag eluate (IP : Flag)   wash   ctrls
RIG-I ∅ wt ko ∅ wt ko ∅ wt ko − +
100
80
MeV-L RNA
bp
100
80
RabV-L RNA
120
100
GAPDH

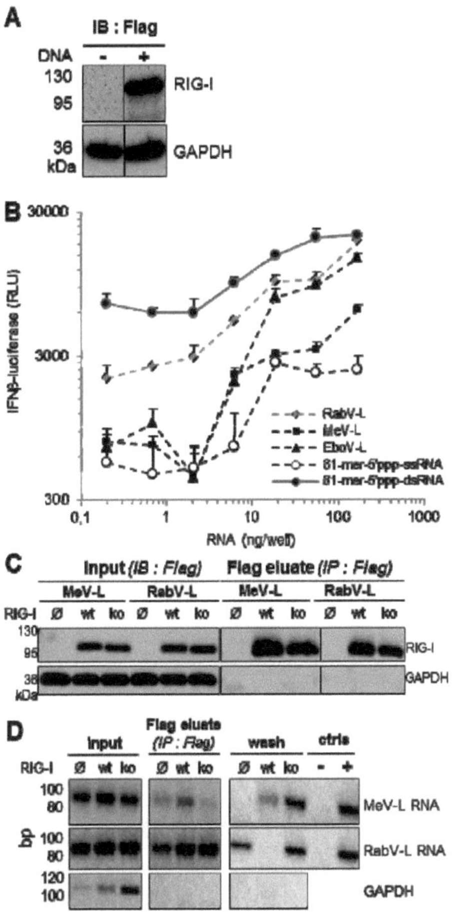

Figure 2

A
2000
IFNB-luciferase (RLU)
1500
1000
500
0
Ø
Flag-RIG-I
Cl25-RIG-I
0 1
1
10
100
1000
Poly(I:C) (ng/well)
B
IFNB-luciferase (RLU)
Ø
RIG-I
Poly(I:C)
RabV-L
MeV-L
EboV-L
5PPP-ssRNA (61m)
5PPP-dsRNA (61m)
C
kDa
130
95
130
95
36
Ø
Poly(I:C)
5PPP-ssRNA(61m)
5PPP-dsRNA(61m)
Ø
Poly(I:C)
5PPP-ssRNA(61m)
5PPP-dsRNA(61m)
Flag-RIG-I
Cl25-RIG-I
GAPDH
Input
(IB:Flag/Cl25)
Flag eluate
(IP : Flag)
D
Input
(IB:Flag/Cl25)
Flag eluate
(IP : Flag)
kDa
Ø
MeV
Ø
MeV
130
95
130
95
55
36
Flag-RIG-I
Cl25-RIG-I
MeV-N
GAPDH
E
Input (IB : Flag/Cl25)
Flag eluate (IP: Flag)
kDa
Ø
1µg Poly (I:C)
5PPP-RNA(61m)
1µg
50ng
ds
ss
ds
ss
MeV
Ø
1µg Poly (I:C)
5PPP-RNA(61m)
1µg
50ng
ds
ss
ds
ss
MeV
130
95
130
95
55
36
Flag-RIG-I
Cl25-RIG-I
MeV-N
GAPDH

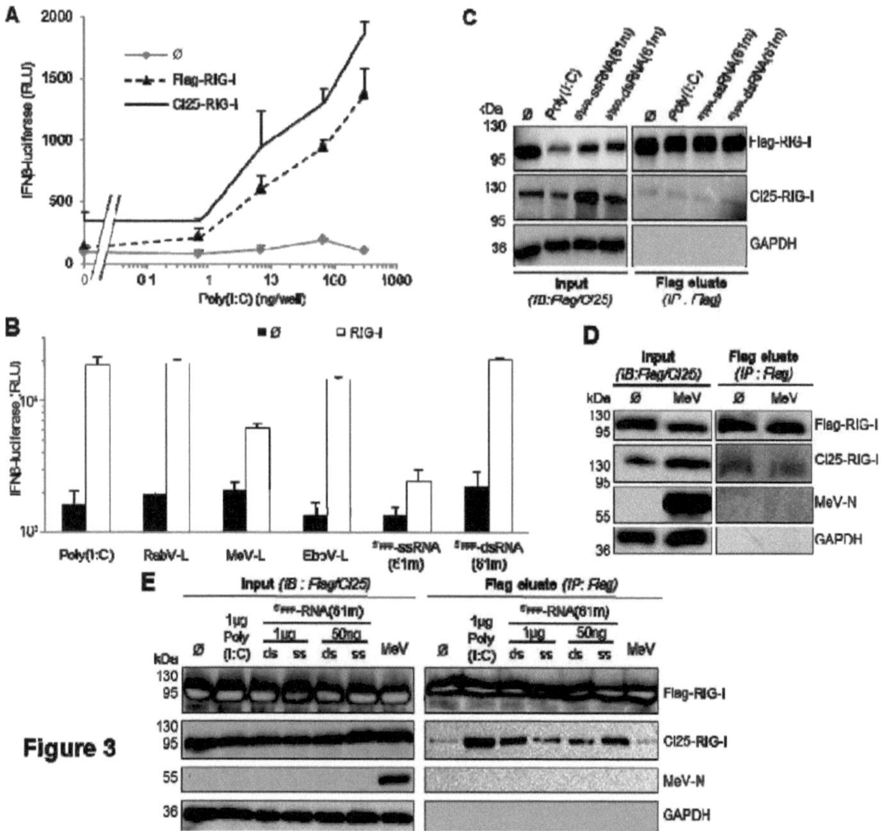

Figure 3

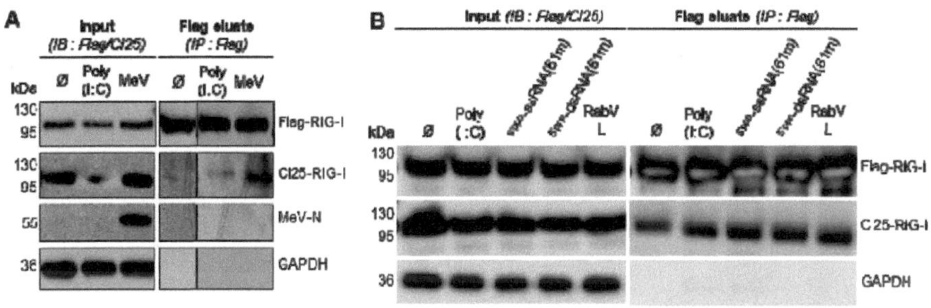

Figure 4

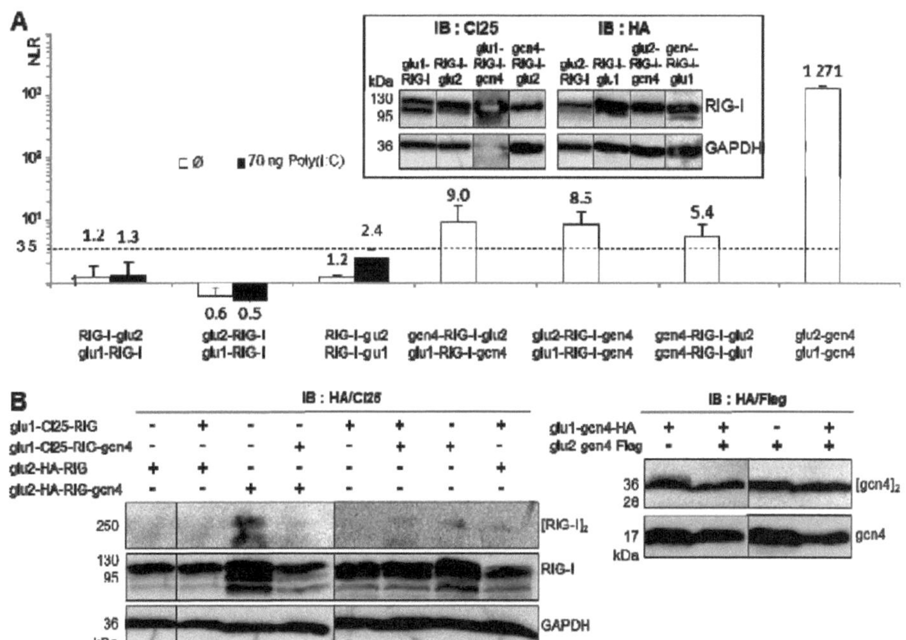

Figure 5

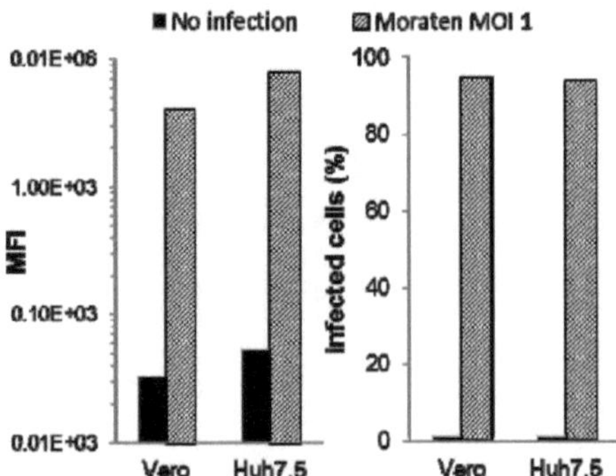

Figure S1

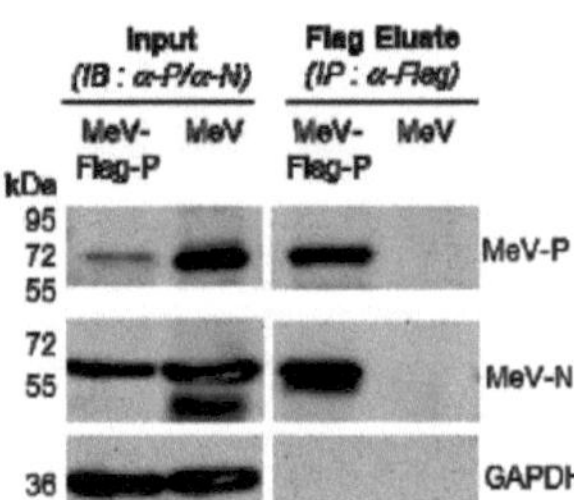

Figure S2

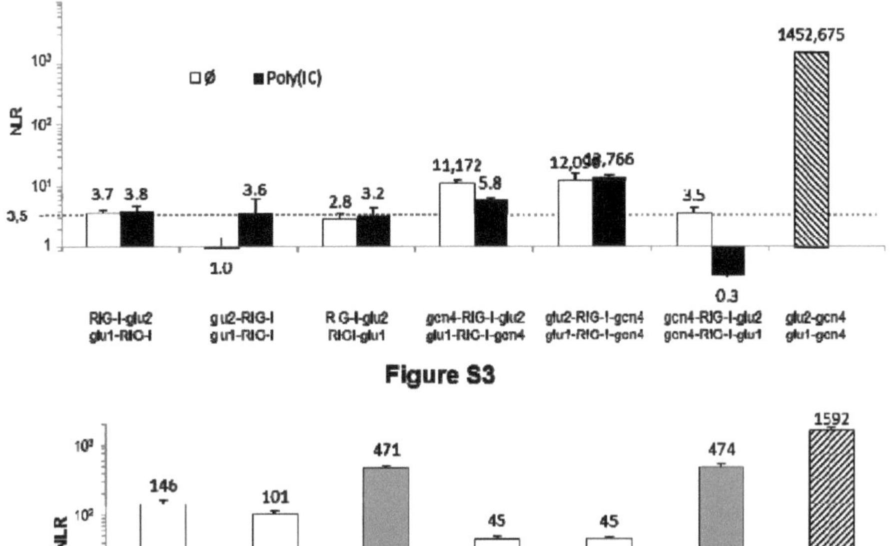

Figure S3

-	glu1-RIG-I-gcn4	gcn4-RIG-I-glu1	glu1-gcn4-Ntail	glu1-gcn4-Ntail	glu1-RIG-I-gcn4	glu1-gcn4	glu1-gcn4
glu2-gcn4	+	+	+	-	-	-	+
glu2-GCN4-XD	-	-	-	-	+	+	-
Gcn4-RIG-I-glu2	-	-	-	+	-	-	-

Figure S4

3. Étude des partenaires protéiques des RLR : utilisation du test de complémentation impliquant la luciférase Gaussia

La nécessité d'une régulation précise et réactive de la réponse IFN implique l'engagement de nombreux facteurs. Les RLR agissent ainsi avec plusieurs protéines cellulaires, mais des protéines virales essayent également de détourner le système à leur avantage. Le test de complémentation utilisant la luciférase Gaussia permet de tester l'interaction entre deux protéines *in cellula*. Nous avons utilisé ce test afin de vérifier l'interaction entre la protéine V des *Mononegavirales* et les RLR. En accord avec les travaux existants, la protéine V des virus de la Rougeole et Nipah a interagit avec MDA5 (barres bleues) et LGP2 (barres jaunes), mais pas avec RIG-I (barre vertes) (Figure 24). La protéine P de chacun de ces virus a été utilisée comme témoin négatif. P n'a interagi avec aucun RLR (barres grises). De façon surprenante, une interaction a été détectée entre glu1-MAVS et glu2-V à la fois lors du test réalisé avec la protéine du virus de la Rougeole mais également celui réalisé avec la protéine du virus Nipah. Cette interaction n'a pas été détectée lorsque glu1 se trouvait en C-terminal de MAVS (MAVS-Glu1). En effet, MAVS étant insérée dans la membrane des mitochondries et des peroxysomes, glu1 et glu2 ne se sont pas retrouvés dans le même compartiment cellulaire lors de la co-transfection des couples [MAVS-glu1+V-glu2] (Figure 24A) ou [MAVS-glu1+glu2-V] (Figure 24B) (Dixit et al., 2010; Saito et al., 2007; Seth et al., 2005; Wilkins and Gale, 2010; Yoneyama and Fujita, 2009). De plus, alors que la protéine P du virus de la Rougeole n'a pas interagit avec MAVS, la protéine P du virus Nipah a interagit avec MAVS induisant un signal luciférase équivalent à l'interaction MAVS:V-Nipah. Les résultats présentés dans la figure 24 sont issus d'expériences réalisées avec les cellules Huh7.5. Au cours des mêmes expériences réalisées dans des cellules 293T, l'interaction entre MAVS et la protéine V des virus de la Rougeole et Nipah avait également été observée. L'expérience a donc été reproduite dans les cellules Huh7.5 n'exprimant pas MDA5. L'interaction observée entre MAVS et V n'est donc pas due à un rapprochement des deux protéines via MDA5. Par ailleurs, la réponse IFN limitée des cellules Huh7.5 permet également de tester l'interaction entre deux protéines dans des conditions de stress cellulaire plus faible.

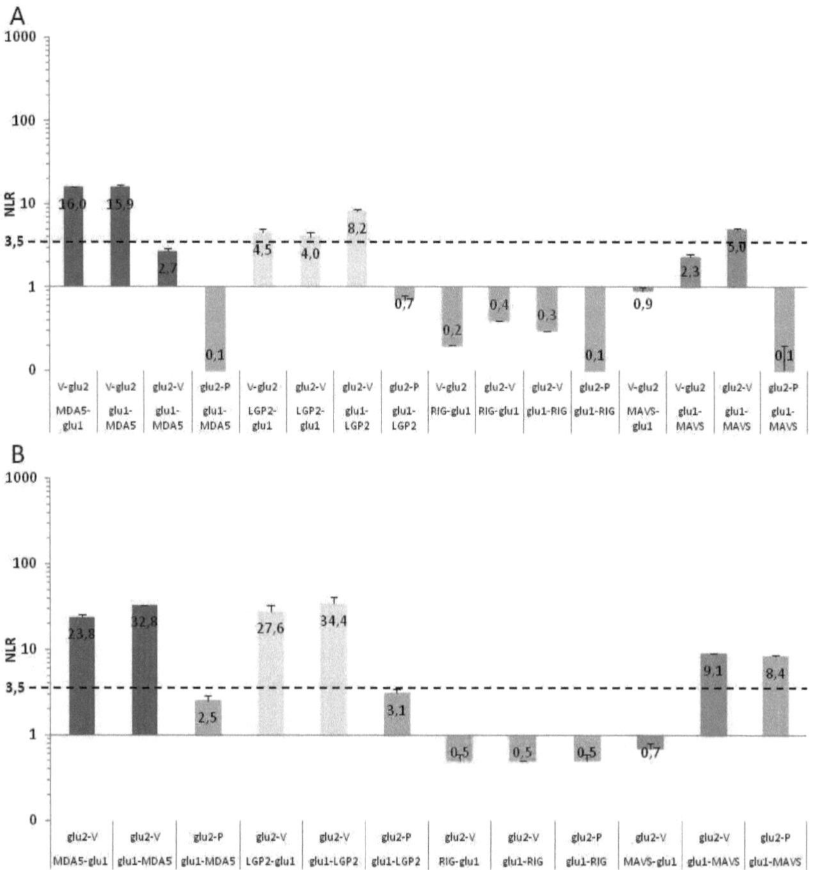

Figure 24 : Test d'interaction des RLR avec la protéine V de *Mononegavirales*
(A, B) <u>Interaction des RLR avec les protéines V et P de deux *Mononegavirales*.</u> Des cellules Huh7.5 ont été co-transfectées avec les plasmides codant pour les protéines chimériques MDA5/LGP2/RIG/MAVS-glu1/2 et V/P-glu2. 24h après, l'activité luciférase a été mesurée. Les protéines des virus de la Rougeole (A) et Nipah (B) ont été utilisées.

DISCUSSION

DISCUSSION

Mon travail a porté sur l'étude du récepteur RIG-I, et plus précisément l'analyse du mécanisme d'activation de ce récepteur. Des études fonctionnelles de protéines RIG-I portant des mutations rationnellement conçues ont permis d'améliorer notre compréhension de certaines étapes de l'activation de RIG-I.

1. Confirmation d'une forme auto-réprimée de la protéine RIG-I

En 2011, quatre études ont révélé les structures de la protéine entière RIG-I de canard ou de formes tronquées humaine et de souris. Ces données complémentaires apportent des informations détaillées sur la liaison de RIG-I à l'ARN et permettent d'identifier les changements de conformation responsables du passage d'une forme auto-réprimée inactive de RIG-I à une forme active (Civril et al., 2011; Jiang et al., 2011; Kowalinski et al., 2011; Luo et al., 2011).

En particulier, Kowalinski et al. ont identifié le rôle crucial du résidu F540 de cRIG-I, correspondant au résidu F539 de hRIG-I, pour l'interaction CARD2 – Hel2i (Kowalinski et al., 2011). Nous avons participé à ces travaux en apportant une preuve fonctionnelle de l'implication de ce résidu. La mutation de cette phélynalanine en alanine ou en aspartate devait inhiber les interactions avec les résidus du domaine CARD2, et par conséquent libérer le tandem CARD. En accord avec cette prédiction, les mutations cF540A et cF540D, et leurs homologues hF539A et hF539D, ont rendu les protéines RIG-I constitutivement actives. Le résidu cF540, ou hF539, est essentiel dans le maintien de RIG-I dans une conformation auto-réprimée.

Un premier modèle d'activation de RIG-I proposait déjà une conformation inactive de RIG-I via des interactions intramoléculaires pour masquer les domaines CARD. Cependant le CTD était censé jouer le rôle de régulateur négatif, d'où sa dénomination « RD », pour domaine régulateur, pendant une période (Saito et al., 2007). Ce modèle était basé sur les observations suivantes. Au cours de l'étude, les protéines RIG-I tronquées 1-228 (tandem CARD) et 1-735 (domaine hélicase sans la fin de Hel2 et le domaine pince) étaient constitutivement actives alors que la protéine tronquée 735-925 (fin de Hel2, domaine pince et CTD) a induit une inhibition de la signalisation via RIG-I. D'une part, le domaine « RD » proposé ne respectait pas l'organisation structurelle de la protéine élucidée ultérieurement, et d'autre part, la principale raison de l'inhibition de l'activation de RIG-I par le CTD était la compétition pour la liaison à l'ARN (Cui et al., 2008; Kowalinski et al., 2011; Takahasi et al., 2008). Cette étude a néanmoins mis en valeur l'importance des domaines CARD dans la tansduction du signal. Cui et al. ont également apporté des évidences en faveur d'un rôle des domaines CARD dans le maintien d'une conformation inactive (Cui et al., 2008). En effet, en présence d'un ligand ARNdb, une protéine RIG-I composée uniquement des domaines hélicase et CTD, présente une activité ATPasique plus importante qu'une protéine RIG-I entière. Cette observation suggère un masquage d'un site de liaison à l'ARN par les domaines CARD.

Le domaine CARD2 interagit donc avec le domaine Hel2i en l'absence d'ARN ligand. Le résidu F539 de la protéine humaine, situé dans le domaine Hel2i, joue un rôle crucial dans cette interaction. Dans cette conformation auto-réprimée, le site de liaison de l'hélicase à l'ARN est en partie masqué par CARD2 et les CARD ne peuvent pas subir de modifications post-traductionnelles (déphosphorylation, ubiquitination). Le recrutement de MAVS, donc l'induction de la réponse IFN, est impossible.

2.   ARN activateur de RIG-I

L'identification de la structure exacte de l'ARN agoniste activateur de RIG-I a fait l'objet de nombreuses études, avec parfois des résultats manquant de concordance (Hornung et al., 2006; Marq et al., 2010, 2011; Marques et al., 2006; Pichlmair et al., 2006; Plumet et al., 2007; Schlee et al., 2009; Schmidt et al., 2009; Takahasi et al., 2008). Un modèle consensus a néanmoins été établi : RIG-I reconnaît des ARNdb courts avec une extrémité 5'ppp.

L'établissement d'un modèle précis de l'ARN agoniste de RIG-I est délicat car différents paramètres doivent être pris en compte. En effet, alors que les études structurales se concentrent sur les caractéristiques de l'ARN nécessaires à la liaison à RIG-I, les études fonctionnelles s'intéressent également à l'activité ATPasique et à l'activation de la réponse IFN. Cependant, la liaison d'un ARN à RIG-I ou bien la présence d'une activité ATPasique n'implique pas l'induction de la réponse IFN. Marq et al. montrent que des ARNdb avec une extrémité 5'ppp cohésive, non activateurs de RIG-I, peuvent se lier à RIG-I avec une affinité comparable à celle de ligands ARNdb-5'ppp activateurs (Marq et al., 2011). D'après des études réalisées *in cellula*, l'activation d'IFN nécessite une extrémité 5'ppp à bouts francs (même si une extrémité sortante de 1 ou 2 nucléotides au maximum semble tolérée) adjacente à une région d'ARNdb d'au moins 9 nucléotides de long (Marq et al., 2010; Schlee et al., 2009; Schmidt et al., 2009). Par contre, *in vitro*, bien que l'activité enzymatique de RIG-I soit plus importante en présence d'un ARNdb possédant une extrémité 5'ppp, cette activité est également détectée avec un

ARNdb possédant une extrémité 5'OH (Schlee et al., 2009). Par ailleurs, l'activité ATPasique de RIG-I purifiée nécessite le seul motif ARNdb d'une longueur minimum de 5 nucléotides (Schmidt et al., 2009).

Conformément à ces résultats, nous avons montré qu'un ARNdb-5'ppp synthétique active fortement le promoteur de l'IFN-β alors qu'un ARNsb-5'ppp synthétique en est incapable. Par ailleurs, comme dans de nombreux travaux, le poly(I:C) est également capable d'activer RIG-I. Or cet analogue d'ARNdb ne possède pas d'extrémité 5'ppp, motif essentiel pour l'activation de RIG-I. Une récente étude a d'ailleurs remis en avant l'importance de l'extrémité 5'ppp. En utilisant un ARN DI du virus de Sendai, dont la structure supposée est composée d'une tige de 94 nucléotides et d'une boucle de 358 nucléotides, Patel et al. ne détectent pas de liaison à RIG-I, et par conséquent d'activité ATPasique ou d'activation de la réponse IFN, lorsque l'extrémité 5'ppp est masquée (Patel et al., 2013). Outre l'absence d'une extrémité 5'ppp, l'activation de RIG-I par le poly(I:C) est différente de celle induite par l'ARNdb-5'ppp. L'inhibition de la fixation (mutation K270A) ou de l'hydrolyse (mutation E373Q) de l'ATP diminue fortement l'activation de RIG-I par l'ARNdb-5'ppp. Par contre, ces mutations ne semblent pas impacter l'activation de RIG-I par le poly(I :C). La liaison du poly(I:C) à l'hélicase pourrait être plus stable que la liaison de l'ARNdb-5'ppp à ce même domaine. La fixation de l'ATP ne serait alors plus nécessaire pour stabiliser le complexe RIG-I:ARN et permettre l'induction de signal.

3.   ARN viraux reconnus par RIG-I

Plusieurs études ont tenté d'identifier l'ARN reconnu par RIG-I au cours d'une infection par un *Mononegavirales*. Actuellement, les faits expérimentaux plaident en faveur des DI formés au cours de la réplication (Baum et al., 2010; Kohlway et al., 2013). Cependant un élément contrarie ces résultats. Les génomes et antigénomes des *Mononegavirales* ne sont jamais retrouvés libres, mais totalement encapsidés par la nucléoprotéine interdisant à la fois la formation d'ARNdb et l'existence d'une extrémité 5'ppp libre sur une longueur excédant le motif ppp lui-même (Albertini et al., 2006; Green et al., 2006; Tawar et al., 2009; Whelan et al., 2004). Par ailleurs, des approches fonctionnelles plaident plutôt en faveur de transcrits viraux comme agonistes de RIG-I. Par exemple, lors d'une infection par le virus de la rougeole, la production d'ARNm d'IFN-β est parallèle à la production de transcrits viraux et précède donc la formation de génomes/antigénomes (Plumet et al., 2007). De plus, d'après Bikto et al., l'ARN leader du RSV est complexé à RIG-I en l'absence d'expression de la protéine La (Bitko et al.,

2008). En effet, au cours d'une infection par le RSV, à la fois des ARN leader et trailer semblent être produits pendant la phase de transcription, ARN qui pourraient activer RIG-I (Noton et al., 2012; Tremaglio et al., 2013).

Au cours de notre étude, nous avons montré que les ARN leader synthétiques de trois *Mononegavirales*, les virus de la rage (un Rhabdoviridae), de la rougeole (un Paramyxoviridae) et Ebola (un Filoviridae), se lient à RIG-I *in vitro* et activent ce récepteur *in cellula*. A priori, ces ARN ne possèdent pourtant pas les deux motifs nécessaires à l'activation de RIG-I. Ils ont bien une extrémité 5'ppp, mais ce sont des ARNsb. Leur production a été réalisée par transcription *in vitro* en utilisant la polymérase T7 suivie d'une purification sur un gel d'urée (Weichenrieder et al., 2000). La polymérase T7 possédant une activité parasite ARN-dépendante, il est difficile d'être sûr du caractère simple brin de nos ARN synthétiques (Marq et al., 2010; Schlee et al., 2009; Schmidt et al., 2009). Cependant, ces ARN peuvent également adopter des structures secondaires favorables à l'activation de RIG-I. Une possible structure secondaire des trois ARN synthétiques leader montre qu'ils peuvent exprimer des régions double brin (Figure 25). En particulier, dans le cas des ARN leader des virus de la rougeole et Ebola l'extrémité 5'ppp est éloignée d'une région double brin contrairement à la structure proposée pour l'ARN leader du virus de la rage. Ces différentes structures secondaires pourraient expliquer la différence du pouvoir activateur des trois ARN.

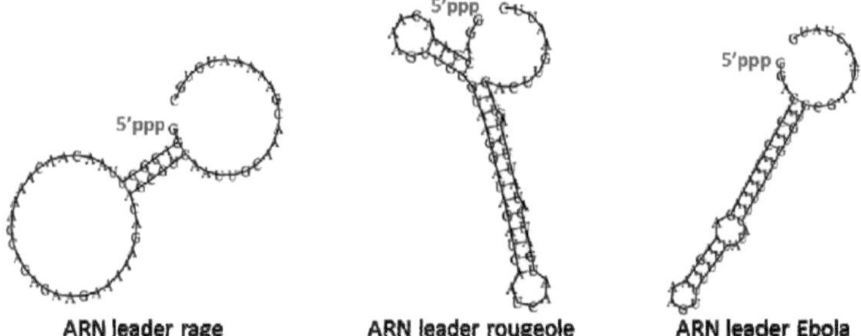

Figure 25 : Structure présumée des ARN synthétiques leader des *Mononegavirales*
Les structures secondaires présumées ont été modélisées à partir du site http://rna.tbi.univie.ac.at/cgi-bin/RNAfold.cgi.

4.   Oligomérisation de RIG-I

En 2007-2008, deux équipes proposent pour la première fois l'oligomérisation de RIG-I au cours de son activation (Cui et al., 2008; Saito et al., 2007). Par la suite, l'oligomérisation de RIG-I est devenue un signe de l'activation de RIG-I. De nombreuses études, réalisées à la fois *in vitro* et *in cellula*, rapportent ainsi l'observation de la formation d'oligomères de RIG-I (Beckham et al., 2013; Binder et al., 2011; Cui et al., 2008; Jiang et al., 2012; Kohlway et al., 2013; Li et al., 2009a; Lu et al., 2010; Patel et al., 2013; Peisley et al., 2011; Ranjith-Kumar et al., 2009; Saito et al., 2007; Schmidt et al., 2009; Wang et al., 2010a; Weber et al., 2013). Cependant les preuves biochimiques de l'oligomérisation de RIG-I ne sont pas indubitables.

Une technique couramment utilisée pour l'étude de l'oligomérisation de RIG-I est la chromatographie d'exclusion stérique (Cui et al., 2008; Jiang et al., 2012; Schmidt et al., 2009). Cependant, bien que le volume d'élution soit souvent utilisé pour évaluer la masse moléculaire moyenne de la protéine analysée, un changement de volume d'élution ne correspond pas nécessairement à une augmentation de masse. La forme de la protéine est un élément qui peut influencer la migration dans la colonne, et un changement de conformation intervient lorsque RIG-I se lie à un ARN agoniste, avec un resserrement de l'hélicase autour de l'ARN et une libération des domaines CARD (Kowalinski et al., 2011; Luo et al., 2011). Le ligand utilisé peut aussi apporter un biais. Des ARN non purifiés, ou contenant des séquences palindromiques, peuvent s'hybrider entre eux et former des complexes composés d'une molécule RIG-I et de plusieurs molécules d'ARN.

La première étude proposant l'oligomérisation de RIG-I a été réalisée *in cellula*. Il s'agit de l'unique fois où la technique d'immunoprécipitation a été utilisée pour l'étude de l'oligomérisation de RIG-I (Saito et al., 2007). Une analyse détaillée des figures proposées par les auteurs révèlent des détails intéressants. Pour la figure 3C, une immunoprécipitation de la protéine Myc-RIG-I entière avec les protéines Flag-RIG-I entière ou tronquées (1-228, 218-925 ou 735-925) a été réalisée. La protéine entière Myc-RIG-I a été immunoprécipitée avec toutes les constructions Flag-RIG-I testées, à la fois en l'absence et en présence d'une infection par le virus Sendai. L'immunoprécipitation de Myc-RIG-I en l'absence d'infection remet en question l'association des évènements d'oligomérisation et d'activation de RIG-I. Par ailleurs, il est vrai que la technique d'immunoprécipitation de protéines surexprimées dans des cellules peut apporter des biais. L'association de deux protéines observée grâce à cette technique n'est pas nécessairement le reflet d'une interaction directe. Elle peut faire intervenir d'autres éléments, comme un ARN agoniste ou la protéine MAVS dans notre cas. Toujours dans la même étude, la figure 3D est construite avec les résultats de l'immunoprécipitation de la protéine Myc-RIG-I tronquée (735-925) avec différentes protéines Flag-RIG-I tronquées. Cette fois, seuls les résultats issus des cellules infectées avec le virus Sendai sont présentés. Les contrôles correspondants, issus des cellules non infectées, ne sont pas montrés. Par ailleurs, l'interprétation des résultats n'a envisagé qu'une interaction trans, alors qu'une interaction cis permettant la reconstitution d'une molécule de RIG-I est également possible.

Un autre type d'analyse *in cellula* a été utilisé : l'électrophorèse en condition native (Saito et al., 2007; Weber et al., 2013). Cependant, bien qu'une modification de migration indique un changement moléculaire, cela ne prouve pas nécessairement une dimérisation. En effet, la liaison d'un ARN court, mais fortement chargé, peut modifier de façon significative la migration d'une protéine. Par ailleurs, dans ces deux études, des résultats attirent l'attention. Saito et al. observent l'oligomérisation de RIG-I, par électrophorèse en condition native, à la fois en présence et l'absence d'une infection par le virus Sendai (Saito et al., 2007, Figure 3A). Inversement, Weber et al. sont incapables d'observer d'oligomérisation de RIG-I après infection par le virus de la forêt de Semliki bien que ce virus active la réponse IFN via RIG-I (Weber et al., 2013, Figure 3D). Ces résultats suggèrent une activation de RIG-I indépendante de son oligomérisation.

Cette alternative peut être appuyée par plusieurs observations. Tout d'abord, nous montrons que la liaison de RIG-I aux ARN leader synthétiques des virus de la rage, de la rougeole et d'Ebola forme un complexe protéine:ARN affichant un ratio 1:1 *in vitro*. Ces ARN synthétiques sont pourtant capables d'activer RIG-I *in cellula*. Par ailleurs, la majorité des cristaux de RIG-I lié à un ARNdb montre la formation d'un complexe formé d'une molécule RIG-I et d'une molécule d'ARN (Jiang et al., 2011; Kowalinski et al., 2011; Luo et al., 2011). Seuls quelques travaux structuraux ont proposé la dimérisation du CTD de RIG-I et LGP2, et la formation de ces dimères a pu être favorisée par la présence de deux extrémités 5'ppp exposées par les ARN utilisés (Li et al., 2009b; Wang et al., 2010a). En effet, d'après Kowalinski et al., une analyse par SEC-MALLS n'a permis d'identifier des dimères de RIG-I que lorsque la protéine se lie à un ARN possédant deux extrémités 5'ppp (Kowalinski et al., 2011). Récemment, cette observation a de nouveau été réalisée en utilisant une analyse de la sédimentation par ultracentrifugation. RIG-I se lie à des ARNdb-5'ppp de 10, 20 et 30 paires de bases sous forme de monomère, alors que dans le complexe formé par RIG-I et un ARNdb de 22 paires de bases possédant deux extrémités 5'ppp, RIG-I est observé sous forme dimérique (Kohlway et al., 2013). De plus, toujours dans cette étude, l'unité fonctionnelle minimale du complexe RIG-I:ARN est un monomère RIG-I lié à l'extrémité d'un ARN agoniste (Kohlway et al., 2013).

Nos résultats montrent également que l'oligomérisation de RIG-I ne correspond pas à une interaction protéine:protéine. En effet, les tests de complémentation utilisant la luciférase Gaussia ne mettent en évidence aucune dimérisation de RIG-I. Même l'ajout de la séquence gcn4, forçant la dimérisation, n'induit qu'un faible signal luciférase. Alors qu'il a été prouvé que plusieurs protéines MDA5 s'associaient de façon coopérative le long d'un ARN, pour former de longs filaments, cette structure n'a pas été observée pour RIG-I (Peisley et al., 2011).

Un modèle d'oligomérisation de RIG-I le long d'un ARN a récemment été proposé (Patel et al., 2013). Une molécule RIG-I se lie à l'extrémité 5'ppp de l'ARNdb et avance le long de l'ARN en utilisant l'activité ATPasique. L'extrémité 5'ppp est alors accessible à une autre molécule RIG-I. Plusieurs molécules RIG-I peuvent ainsi se lier à l'ARN et former un oligomère. Ce modèle présente donc une oligomérisation de RIG-I dépendante de la liaison à l'ARN, et non d'une interaction protéine:protéine. Par ailleurs, ce modèle n'est valable que pour les ARNdb possédant une extrémité 5'ppp. Or RIG-I est également activé par des ARNdb sans extrémité 5'ppp comme le poly(I:C). Cette activation serait alors indépendante de l'oligomérisation de RIG-I. De même, dans le modèle proposé par Patel et al., l'oligomérisation de RIG-I nécessite l'hydrolyse de l'ATP. Le mutant RIG-I-E373Q que nous avons étudié est incapable d'hydrolyser l'ATP et affiche pourtant un phénotype constitutivement actif.

L'activation de RIG-I met en jeu un mécanisme à plusieurs étapes. L'oligomérisation de RIG-I qui ne semble pas indispensable pour l'activation de ce récepteur, pourrait néanmoins intervenir lors des modifications post-traductionnelles, l'ajout de chaînes de polyubiquitines favorisant les interactions intermoléculaires, ou lors de l'interaction avec MAVS, l'agrégation des protéines MAVS induisant également celle des protéines RIG-I (Hou et al., 2011; Moresco et al., 2011).

5. Mécanisme d'activation de RIG-I

Les nombreuses études structurales et fonctionnelles réalisées ont permis d'élucider des étapes du mécanisme d'activation de RIG-I. En l'absence d'ARN agoniste, RIG-I est présent dans le cytoplasme sous une forme auto-réprimée inactive. Les structures de la protéine cRIG-I ont permis d'identifier l'interaction CARD2-Hel2i lorsqu'aucun ARN n'est lié à la protéine (Kowalinski et al., 2011). Par ailleurs, la mutation du résidu cF540, et par correspondance de séquence du résidu hF539, conduit à un phénotype constitutivement actif (Kowalinski et al., 2011). Le remplacement de cette phénylalanine en alanine ou en aspartate inhibe l'interaction du sous-domaine Hel2i avec CARD2. Le tandem CARD est donc libre de recruter ces partenaires protéiques. Par ailleurs, les tentatives d'inhibition de l'interaction CARD2 – Hel2i, par mutations de résidus du domaine CARD2 impliqués dans l'interaction avec Hel2i, aboutissent à la construction de mutants RIG-I inactifs. Ce phénotype est l'opposé de celui attendu. Ainsi, les résidus mutés (P112A, T116K, M149A et L185E) pourraient être directement impliqués dans l'induction du signal. La mutation de ces résidus empêcherait des modifications post-traductionnelles de la protéine et/ou le recrutement de partenaires protéiques. D'après une étude réalisée *in vitro,* le résidu P112 serait impliqué dans l'attachement de chaînes de polyubiquitines sur RIG-I (Jiang et al., 2012). Cependant, dans cette étude, le mutant P112A est incapable d'activer IRF3 dans un essai acellulaire, alors que, lors de notre test fonctionnel réalisé *in cellula,* le mutant P112A exprime un phénotype proche de RIG-I sauvage. L'association de plusieurs mutations est nécessaire pour obtenir un mutant inactif. L'interaction CARD2-Hel2i semble donc impliquer une double auto-répression via (i) le masquage du site de liaison à l'ARN du sous-domaine Hel2i, et (ii) le masquage de résidus du domaine CARD2 impliqués dans le recrutement d'intermédiaires requis pour la transduction du signal. Ce modèle représente une économie de moyens, les mêmes sites étant impliqués à la fois dans le mécanisme d'auto-répression et celui d'activation de la protéine.

Dans cette conformation auto-réprimée, le CTD est lié de façon flexible à Hel2. En effet, la structure du CTD n'a pas pu être déterminée dans le cristal de la protéine cRIG-I entière, à cause de sa mobilité autour de la protéine (Kowalinski et al., 2011). Le CTD est ainsi suffisamment libre pour détecter un ARNdb-5'ppp. La reconnaissance d'un ARN agoniste par le CTD permet le rapprochement du ligand et du domaine hélicase. L'ARN rentre ainsi en compétition avec le domaine CARD2 pour la liaison au sous-domaine Hel2i. La liaison de l'ARN à l'hélicase provoque un changement de conformation, les sous-domaines Hel1 et Hel2 se repliant l'un sur l'autre avec un mouvement torsadé (Kowalinski et al., 2011). Ce repositionnement de Hel1 et Hel2 favoriserait la formation d'un site ATPase fonctionnel (Civril et al., 2011). La liaison de l'ATP stabilise alors le complexe RIG-I:ARN et permet la libération des domaines CARD. Le démasquage des CARD conduit ensuite au recrutement de la cascade de signalisation gouvernant la sécrétion d'IFN et de cytokines (Belgnaoui et al., 2011; Loo and Gale, 2011).

Par ailleurs, lorsque l'ARNdb est suffisamment long, l'hydrolyse de l'ATP permet au sous-domaine Hel2i d'effectuer un scan ordonné sur une longueur de 10 nucléotides (Kohlway et al., 2013). En particulier, les résidus K508 et Q511 interviennent dans la liaison à l'ARN. Des mutants portant au moins l'une des deux mutations K508A et Q511A ont totalement perdu leur capacité à induire le promoteur de l'IFN-β. L'hydrolyse de l'ATP permet également la translocation de RIG-I le long d'un ARNdb pour favoriser l'association de plusieurs molécules RIG-I sur le même ARN. Nous avons aussi montré que le mutant E373Q, capable de fixer l'ATP mais incapable de l'hydrolyser, est constitutivement actif. L'hydrolyse de l'ATP posséderait alors également un rôle régulateur. La fixation de l'ATP permettant la stabilisation du complexe RIG-I:ARN, son hydrolyse aurait le rôle inverse. La déstabilisation du complexe RIG-I:ARN pourrait être nécessaire pour le recyclage de complexes RIG-I:ARN illégitime, formés par exemple avec des ARN cellulaires dont la structure secondaire présenterait des régions double brin (Figure 26).

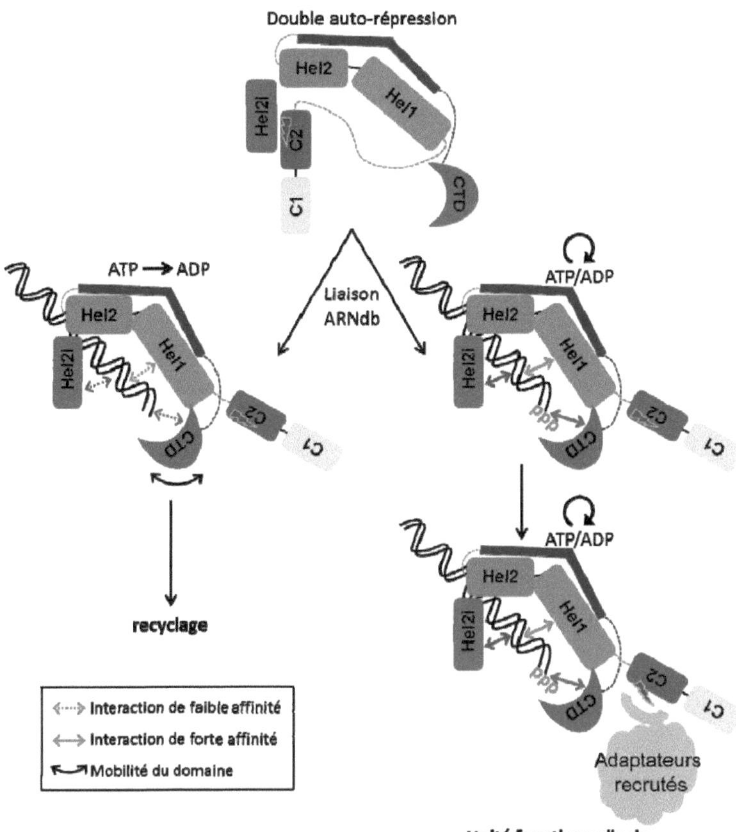

Figure 26 : Proposition d'un modèle d'activation de RIG-I
RIG-I est présent dans le cytoplasme sous une forme inactive. Une double auto-répression est mise en jeu, via (i) le masquage du site de liaison à l'ARN du sous-domaine Hel2i, et (ii) le masquage de résidus du domaine CARD2 impliqués dans le recrutement d'intermédiaires requis pour la transduction du signal (éclair fushia-bleu). Le CTD, lié de façon flexible à l'hélicase, détecte des ARNdb, les rapproche du reste de la protéine et leur permet d'entrer en compétition favorable avec le domaine CARD2 pour la liaison à l'hélicase. La double fixation d'ARN et d'ATP provoque un changement de conformation aboutissant au dévoilement des domaines CARD. Les CARD libérés peuvent alors recruter les adaptateurs protéiques impliqués dans la transduction du signal. L'hydrolyse de l'ATP entraîne la déstabilisation du complexe RIG-I:ARN. Cette déstabilisation du complexe peut amener (i) à son recyclage dans le cas d'une liaison à un ARN illégitime, ou (ii) à la translocation de RIG-I le long de l'ARN (Kohlway et al., 2013; Kowalinski et al., 2011; Patel et al., 2013).

PERSPECTIVES

PERSPECTIVES

L'ensemble du travail réalisé au cours de cette thèse nous a permis d'élucider la mécanistique impliquée dans certaines étapes de l'activation de RIG-I. Bien que les études concernant la conformation auto-réprimée et l'oligomérisation de RIG-I soient terminées, d'autres éléments devront être précisés.

L'étude fonctionnelle menée sur les mutants RIG-I a révélé des éléments intéressants. En particulier, les résultats obtenus avec le mutant E373Q incitent à approfondir l'analyse. Notre hypothèse étant que l'hydrolyse de l'ATP permet d'empêcher l'activation de RIG-I par des ARN illégitimes, il serait intéressant de vérifier si le phénotype constitutivement actif observé nécessite effectivement la fixation de l'ARN. Nous envisageons de réaliser une analyse fonctionnelle des mutants [E373Q,T697A,E702A] et [E373Q ,K888A,K907A], mutants ne liant pas l'ARN au niveau de l'hélicase et du CTD respectivement. Selon notre hypothèse, le mutant [E373Q,T697A,E702A] devrait être inactif, la fixation de l'ARN au niveau de l'hélicase favorisant la fixation de l'ATP, alors que le mutant [E373Q,K888A,K907A] devrait rester actif. Par ailleurs, un test complémentaire d'immunoprécipitation de l'ARN complexé à ces mutants est également envisagé. Ce test pourrait nous permettre de vérifier la liaison d'ARN cellulaires illégitimes au mutant E373Q. Il serait également intéressant de comparer les structures des protéines RIG-I cF540D et cE376Q en l'absence et présence d'ARN et d'ATP. Une telle étude permettrait d'avoir des informations complémentaires sur les conformations adoptées et les conditions nécessaires (présence d'ARN et ATP, présence d'ATP seul, …). Par ailleurs, une étude fonctionnelle du récepteur MDA5 est également prévue. L'analyse des mutants MDA5-K335A (équivalent de RIG-I-K270A) et MDA5-E444Q (équivalent de RIG-I-E373Q) permettrait de comparer le rôle de l'activité ATPasique pour RIG-I et MDA5.

La technique de détection des ARN complexés à RIG-I devra être améliorée, tant au niveau de l'étape d'immunoprécipitation que de celle de la détection des ARN. L'amélioration de cette technique permettrait la tentative d'immunoprécipitation de l'ARN complexé à RIG-I dans le contexte d'une infection par le virus de la rougeole. En particulier, les tests d'optimisation de la RT-PCR « Stem-Loop » menés par Louis-Marie Bloyet, thésard au sein de notre équipe, pour permettre la détection spécifique de l'ARN leader et trailer du virus de la rougeole n'ont pas encore abouti à un résultat satisfaisant. Nous pensons donc changer de stratégie et utiliser le protocole de northern blot développé par R. Fearns. Ce protocole permer en effet la détection d'ARN leader et trailer de différentes tailles lors d'une infection par le virus respiratoire syncytial (Noton et al., 2012; Tremaglio et al., 2013). Retrouver des petits ARN du virus de la rougeole liés à RIG-I dans un contexte infectieux confirmerait à la fois notre observation de l'activation de RIG-I par des ARN leader et les résultats fonctionnels publiés plaidant pour des agonistes de RIG-I autre que les DI.

L'exploration des partenaires protéiques des RLR pourrait également se poursuivre. En effet, le test de complémentation utilisant la luciférase Gaussia semblant permettre la détection d'interactions entre les protéines virales et les RLR, l'interaction entre la protéine N du virus de la rougeole et RIG-I pourrait par exemple être testée. Ce test permettrait de confirmer les résultats obtenus par co-immunoprécipitation. De plus, si ce test permet l'observation d'interactions entre les protéines cellulaires et RIG-I, l'interaction des mutants [P112A,M149A], [P112A,T116K,M149A] et [P112A,M149A,L185E] avec les partenaires cellulaires de RIG-I pourra être investiguée. Cette étude apporterait des réponses quant au phénotype inactif des mutants. Par ailleurs, l'interaction entre MAVS et V devra être confirmée en utilisant d'autres techniques : co-immunoprécipitation, co-localisation. Au sein de l'équipe, certains membres réalisent régulièrement des analyses par microscopie confocale. Une étude par microscopie confocale en utilisant un marqueur de la mitochondrie peut donc être aisément mise en place. Un nouveau mécanisme perturbateur de la réponse IFN, engendré par la protéine V, pourrait être élucidé.

L'ensemble de ces travaux complémentaires permettraient d'avancer dans la compréhension des mécanismes mis en jeu dans l'activation des RLR en (i) précisant le rôle fonctionnel de l'activité ATPasique ; (ii) déterminant un agoniste viral de RIG-I. Par ailleurs, la fonction inhibitrice de V vis-à-vis des RLR pourrait être enrichie par son action sur MAVS.

RÉFÉRENCES BIBLIOGRAPHIQUES

RÉFÉRENCES BIBLIOGRAPHIQUES

Ablasser, A., Bauernfeind, F., Hartmann, G., Latz, E., Fitzgerald, K.A., and Hornung, V. (2009). RIG-I-dependent sensing of poly(dA:dT) through the induction of an RNA polymerase III-transcribed RNA intermediate. Nat. Immunol. *10*, 1065–1072.

Albertini, A.A.V., Wernimont, A.K., Muziol, T., Ravelli, R.B.G., Clapier, C.R., Schoehn, G., Weissenhorn, W., and Ruigrok, R.W.H. (2006). Crystal structure of the rabies virus nucleoprotein-RNA complex. Science *313*, 360–363.

Andrejeva, J., Childs, K.S., Young, D.F., Carlos, T.S., Stock, N., Goodbourn, S., and Randall, R.E. (2004). The V proteins of paramyxoviruses bind the IFN-inducible RNA helicase, mda-5, and inhibit its activation of the IFN-beta promoter. Proc. Natl. Acad. Sci. U. S. A. *101*, 17264–17269.

Arimoto, K., Takahashi, H., Hishiki, T., Konishi, H., Fujita, T., and Shimotohno, K. (2007). Negative regulation of the RIG-I signaling by the ubiquitin ligase RNF125. Proc. Natl. Acad. Sci. U. S. A. *104*, 7500–7505.

Balachandran, S., and Barber, G.N. (2007). PKR in innate immunity, cancer, and viral oncolysis. Methods Mol. Biol. Clifton NJ *383*, 277–301.

Bamming, D., and Horvath, C.M. (2009). Regulation of signal transduction by enzymatically inactive antiviral RNA helicase proteins MDA5, RIG-I, and LGP2. J. Biol. Chem. *284*, 9700–9712.

Barber, M.R.W., Aldridge, J.R., Webster, R.G., and Magor, K.E. (2010). Association of RIG-I with innate immunity of ducks to influenza. Proc. Natl. Acad. Sci. U. S. A. *107*, 5913–5918.

Baril, M., Racine, M.-E., Penin, F., and Lamarre, D. (2009). MAVS dimer is a crucial signaling component of innate immunity and the target of hepatitis C virus NS3/4A protease. J. Virol. *83*, 1299–1311.

Basu, M., Maitra, R.K., Xiang, Y., Meng, X., Banerjee, A.K., and Bose, S. (2006). Inhibition of vesicular stomatitis virus infection in epithelial cells by alpha interferon-induced soluble secreted proteins. J. Gen. Virol. *87*, 2653–2662.

Baum, A., Sachidanandam, R., and García-Sastre, A. (2010). Preference of RIG-I for short viral RNA molecules in infected cells revealed by next-generation sequencing. Proc. Natl. Acad. Sci. U. S. A. *107*, 16303–16308.

Beckham, S.A., Brouwer, J., Roth, A., Wang, D., Sadler, A.J., John, M., Jahn-Hofmann, K., Williams, B.R.G., Wilce, J.A., and Wilce, M.C.J. (2013). Conformational rearrangements of RIG-I receptor on formation of a multiprotein:dsRNA assembly. Nucleic Acids Res. *41*, 3436–3445.

Belgnaoui, S.M., Paz, S., and Hiscott, J. (2011). Orchestrating the interferon antiviral response through the mitochondrial antiviral signaling (MAVS) adapter. Curr. Opin. Immunol. *23*, 564–572.

Berger, S.B., Romero, X., Ma, C., Wang, G., Faubion, W.A., Liao, G., Compeer, E., Keszei, M., Rameh, L., Wang, N., et al. (2010). SLAM is a microbial sensor that regulates bacterial phagosome functions in macrophages. Nat. Immunol. *11*, 920–927.

Binder, M., Eberle, F., Seitz, S., Mücke, N., Hüber, C.M., Kiani, N., Kaderali, L., Lohmann, V., Dalpke, A., and Bartenschlager, R. (2011). Molecular mechanism of signal perception and integration by the innate immune sensor retinoic acid-inducible gene-I (RIG-I). J. Biol. Chem. *286*, 27278–27287.

Bitko, V., Musiyenko, A., Bayfield, M.A., Maraia, R.J., and Barik, S. (2008). Cellular La protein shields nonsegmented negative-strand RNA viral leader RNA from RIG-I and enhances virus growth by diverse mechanisms. J. Virol. *82*, 7977–7987.

Blocquel, D., Habchi, J., Costanzo, S., Doizy, A., Oglesbee, M., and Longhi, S. (2012). Interaction between the C-terminal domains of measles virus nucleoprotein and phosphoprotein: a tight complex implying one binding site. Protein Sci. Publ. Protein Soc. *21*, 1577–1585.

Van den Broek, M.F., Müller, U., Huang, S., Aguet, M., and Zinkernagel, R.M. (1995). Antiviral defense in mice lacking both alpha/beta and gamma interferon receptors. J. Virol. *69*, 4792–4796.

Bruns, A.M., Pollpeter, D., Hadizadeh, N., Myong, S., Marko, J.F., and Horvath, C.M. (2013). ATP hydrolysis enhances RNA recognition and antiviral signal transduction by the innate immune sensor, laboratory of genetics and physiology 2 (LGP2). J. Biol. Chem. *288*, 938–946.

Cárdenas, W.B., Loo, Y.-M., Gale, M., Jr, Hartman, A.L., Kimberlin, C.R., Martínez-Sobrido, L., Saphire, E.O., and Basler, C.F. (2006). Ebola virus VP35 protein binds double-stranded RNA and inhibits alpha/beta interferon production induced by RIG-I signaling. J. Virol. *80*, 5168–5178.

Cassonnet, P., Rolloy, C., Neveu, G., Vidalain, P.-O., Chantier, T., Pellet, J., Jones, L., Muller, M., Demeret, C., Gaud, G., et al. (2011). Benchmarking a luciferase complementation assay for detecting protein complexes. Nat. Methods *8*, 990–992.

Castanier, C., Garcin, D., Vazquez, A., and Arnoult, D. (2010). Mitochondrial dynamics regulate the RIG-I-like receptor antiviral pathway. EMBO Rep. *11*, 133–138.

Castelló, A., Alvarez, E., and Carrasco, L. (2011). The multifaceted poliovirus 2A protease: regulation of gene expression by picornavirus proteases. J. Biomed. Biotechnol. *2011*, 369648.

Cattaneo, R., Rebmann, G., Schmid, A., Baczko, K., ter Meulen, V., and Billeter, M.A. (1987). Altered transcription of a defective measles virus genome derived from a diseased human brain. EMBO J. *6*, 681–688.

Chang, T.-H., Kubota, T., Matsuoka, M., Jones, S., Bradfute, S.B., Bray, M., and Ozato, K. (2009). Ebola Zaire virus blocks type I interferon production by exploiting the host SUMO modification machinery. PLoS Pathog. *5*, e1000493.

Chen, C., Ridzon, D.A., Broomer, A.J., Zhou, Z., Lee, D.H., Nguyen, J.T., Barbisin, M., Xu, N.L., Mahuvakar, V.R., Andersen, M.R., et al. (2005). Real-time quantification of microRNAs by stem-loop RT-PCR. Nucleic Acids Res. *33*, e179.

Childs, K., Randall, R., and Goodbourn, S. (2012). Paramyxovirus V proteins interact with the RNA Helicase LGP2 to inhibit RIG-I-dependent interferon induction. J. Virol. *86*, 3411–3421.

Childs, K.S., Andrejeva, J., Randall, R.E., and Goodbourn, S. (2009). Mechanism of mda-5 Inhibition by paramyxovirus V proteins. J. Virol. *83*, 1465–1473.

Childs, K.S., Randall, R.E., and Goodbourn, S. (2013). LGP2 plays a critical role in sensitizing mda-5 to activation by double-stranded RNA. PloS One *8*, e64202.

Civril, F., Bennett, M., Moldt, M., Deimling, T., Witte, G., Schiesser, S., Carell, T., and Hopfner, K.-P. (2011). The RIG-I ATPase domain structure reveals insights into ATP-dependent antiviral signalling. EMBO Rep. *12*, 1127–1134.

Cui, J., Zhu, L., Xia, X., Wang, H.Y., Legras, X., Hong, J., Ji, J., Shen, P., Zheng, S., Chen, Z.J., et al. (2010). NLRC5 negatively regulates the NF-kappaB and type I interferon signaling pathways. Cell *141*, 483–496.

Cui, S., Eisenächer, K., Kirchhofer, A., Brzózka, K., Lammens, A., Lammens, K., Fujita, T., Conzelmann, K.-K., Krug, A., and Hopfner, K.-P. (2008). The C-terminal regulatory domain is the RNA 5′-triphosphate sensor of RIG-I. Mol. Cell *29*, 169–179.

D'agostino, P.M., Amenta, J.J., and Reiss, C.S. (2009). IFN-beta-induced alteration of VSV protein phosphorylation in neuronal cells. Viral Immunol. *22*, 353–369.

Damdinsuren, B., Nagano, H., Wada, H., Kondo, M., Ota, H., Nakamura, M., Noda, T., Natsag, J., Yamamoto, H., Doki, Y., et al. (2007). Stronger growth-inhibitory effect of interferon (IFN)-beta compared to IFN-alpha is mediated by IFN signaling pathway in hepatocellular carcinoma cells. Int. J. Oncol. *30*, 201–208.

Desmyter, J., Melnick, J.L., and Rawls, W.E. (1968). Defectiveness of interferon production and of rubella virus interference in a line of African green monkey kidney cells (Vero). J. Virol. *2*, 955–961.

Diao, F., Li, S., Tian, Y., Zhang, M., Xu, L.-G., Zhang, Y., Wang, R.-P., Chen, D., Zhai, Z., Zhong, B., et al. (2007). Negative regulation of MDA5- but not RIG-I-mediated innate antiviral signaling by the dihydroxyacetone kinase. Proc. Natl. Acad. Sci. U. S. A. *104*, 11706–11711.

Dixit, E., and Kagan, J.C. (2013). Intracellular pathogen detection by RIG-I-like receptors. Adv. Immunol. *117*, 99–125.

Dixit, E., Boulant, S., Zhang, Y., Lee, A.S.Y., Odendall, C., Shum, B., Hacohen, N., Chen, Z.J., Whelan, S.P., Fransen, M., et al. (2010). Peroxisomes are signaling platforms for antiviral innate immunity. Cell *141*, 668–681.

Eguchi, H., Nagano, H., Yamamoto, H., Miyamoto, A., Kondo, M., Dono, K., Nakamori, S., Umeshita, K., Sakon, M., and Monden, M. (2000). Augmentation of antitumor activity of 5-fluorouracil by interferon alpha is associated with up-regulation of p27Kip1 in human hepatocellular carcinoma cells. Clin. Cancer Res. Off. J. Am. Assoc. Cancer Res. *6*, 2881–2890.

Eisenächer, K., and Krug, A. (2012). Regulation of RLR-mediated innate immune signaling--it is all about keeping the balance. Eur. J. Cell Biol. *91*, 36–47.

Fairman-Williams, M.E., Guenther, U.-P., and Jankowsky, E. (2010). SF1 and SF2 helicases: family matters. Curr. Opin. Struct. Biol. *20*, 313–324.

Fan, L., Briese, T., and Lipkin, W.I. (2010). Z proteins of New World arenaviruses bind RIG-I and interfere with type I interferon induction. J. Virol. *84*, 1785–1791.

Feng, Q., Hato, S.V., Langereis, M.A., Zoll, J., Virgen-Slane, R., Peisley, A., Hur, S., Semler, B.L., van Rij, R.P., and van Kuppeveld, F.J.M. (2012). MDA5 detects the double-stranded RNA replicative form in picornavirus-infected cells. Cell Reports *2*, 1187–1196.

Gack, M.U., Shin, Y.C., Joo, C.-H., Urano, T., Liang, C., Sun, L., Takeuchi, O., Akira, S., Chen, Z., Inoue, S., et al. (2007). TRIM25 RING-finger E3 ubiquitin ligase is essential for RIG-I-mediated antiviral activity. Nature *446*, 916–920.

Gack, M.U., Kirchhofer, A., Shin, Y.C., Inn, K.-S., Liang, C., Cui, S., Myong, S., Ha, T., Hopfner, K.-P., and Jung, J.U. (2008). Roles of RIG-I N-terminal tandem CARD and splice variant in TRIM25-mediated antiviral signal transduction. Proc. Natl. Acad. Sci. U. S. A. *105*, 16743–16748.

Gack, M.U., Albrecht, R.A., Urano, T., Inn, K.-S., Huang, I.-C., Carnero, E., Farzan, M., Inoue, S., Jung, J.U., and García-Sastre, A. (2009). Influenza A virus NS1 targets the ubiquitin ligase TRIM25 to evade recognition by the host viral RNA sensor RIG-I. Cell Host Microbe *5*, 439–449.

Gambin, A., Charzynska, A., Ellert-Miklaszewska, A., and Rybinski, M. (2013). Computational models of the JAK1/2-STAT1 signaling. JAKSTAT *2*.

Gao, D., Yang, Y.-K., Wang, R.-P., Zhou, X., Diao, F.-C., Li, M.-D., Zhai, Z.-H., Jiang, Z.-F., and Chen, D.-Y. (2009). REUL is a novel E3 ubiquitin ligase and stimulator of retinoic-acid-inducible gene-I. PloS One *4*, e5760.

Garcin, D., Lezzi, M., Dobbs, M., Elliott, R.M., Schmaljohn, C., Kang, C.Y., and Kolakofsky, D. (1995). The 5′ ends of Hantaan virus (Bunyaviridae) RNAs suggest a prime-and-realign mechanism for the initiation of RNA synthesis. J. Virol. *69*, 5754–5762.

Gee, P., Chua, P.K., Gevorkyan, J., Klumpp, K., Najera, I., Swinney, D.C., and Deval, J. (2008). Essential Role of the N-terminal Domain in the Regulation of RIG-I ATPase Activity. J. Biol. Chem. *283*, 9488–9496.

Gely, S., Lowry, D.F., Bernard, C., Jensen, M.R., Blackledge, M., Costanzo, S., Bourhis, J.-M., Darbon, H., Daughdrill, G., and Longhi, S. (2010). Solution structure of the C-terminal X domain of the measles virus phosphoprotein and interaction with the intrinsically disordered C-terminal domain of the nucleoprotein. J. Mol. Recognit. JMR *23*, 435–447.

Gerlier, D., and Lyles, D.S. (2011). Interplay between innate immunity and negative-strand RNA viruses: towards a rational model. Microbiol. Mol. Biol. Rev. MMBR *75*, 468–490, second page of table of contents.

Gerlier, D., and Valentin, H. (2009). Measles virus interaction with host cells and impact on innate immunity. Curr. Top. Microbiol. Immunol. *329*, 163–191.

Ghannam, A., Hammache, D., Matias, C., Louwagie, M., Garin, J., and Gerlier, D. (2008). High-density rafts preferentially host the complement activator measles virus F glycoprotein but not the regulators of complement activation. Mol. Immunol. *45*, 3036–3044.

Gitlin, L., Benoit, L., Song, C., Cella, M., Gilfillan, S., Holtzman, M.J., and Colonna, M. (2010). Melanoma differentiation-associated gene 5 (MDA5) is involved in the innate immune response to Paramyxoviridae infection in vivo. PLoS Pathog. *6*, e1000734.

Green, T.J., Zhang, X., Wertz, G.W., and Luo, M. (2006). Structure of the vesicular stomatitis virus nucleoprotein-RNA complex. Science *313*, 357–360.

Gupta, K.C., and Kingsbury, D.W. (1985). Polytranscripts of Sendai virus do not contain intervening polyadenylate sequences. Virology *141*, 102–109.

Habjan, M., Andersson, I., Klingström, J., Schümann, M., Martin, A., Zimmermann, P., Wagner, V., Pichlmair, A., Schneider, U., Mühlberger, E., et al. (2008). Processing of genome 5′ termini as a strategy of negative-strand RNA viruses to avoid RIG-I-dependent interferon induction. PloS One *3*, e2032.

Hornung, V., Ellegast, J., Kim, S., Brzózka, K., Jung, A., Kato, H., Poeck, H., Akira, S., Conzelmann, K.-K., Schlee, M., et al. (2006). 5′-Triphosphate RNA is the ligand for RIG-I. Science *314*, 994–997.

Hou, F., Sun, L., Zheng, H., Skaug, B., Jiang, Q.-X., and Chen, Z.J. (2011). MAVS forms functional prion-like aggregates to activate and propagate antiviral innate immune response. Cell *146*, 448–461.

Irie, T., Kiyotani, K., Igarashi, T., Yoshida, A., and Sakaguchi, T. (2012). Inhibition of interferon regulatory factor 3 activation by paramyxovirus V protein. J. Virol. *86*, 7136–7145.

Ishikawa, H., and Barber, G.N. (2008). STING is an endoplasmic reticulum adaptor that facilitates innate immune signalling. Nature *455*, 674–678.

Jennings, S., Martínez-Sobrido, L., García-Sastre, A., Weber, F., and Kochs, G. (2005). Thogoto virus ML protein suppresses IRF3 function. Virology *331*, 63–72.

Jiang, F., Ramanathan, A., Miller, M.T., Tang, G.-Q., Gale, M., Jr, Patel, S.S., and Marcotrigiano, J. (2011). Structural basis of RNA recognition and activation by innate immune receptor RIG-I. Nature *479*, 423–427.

Jiang, X., Kinch, L., Brautigam, C.A., Chen, X., Du, F., Grishin, N., and Chen, Z.J. (2012). Ubiquitin-Induced Oligomerization of the RNA Sensors RIG-I and MDA5 Activates Antiviral Innate Immune Response. Immunity *36*, 959–973.

Johnsen, I.B., Nguyen, T.T., Bergstroem, B., Fitzgerald, K.A., and Anthonsen, M.W. (2009). The tyrosine kinase c-Src enhances RIG-I (retinoic acid-inducible gene I)-elicited antiviral signaling. J. Biol. Chem. *284*, 19122–19131.

Kato, H., Takeuchi, O., Sato, S., Yoneyama, M., Yamamoto, M., Matsui, K., Uematsu, S., Jung, A., Kawai, T., Ishii, K.J., et al. (2006). Differential roles of MDA5 and RIG-I helicases in the recognition of RNA viruses. Nature *441*, 101–105.

Kato, H., Takeuchi, O., Mikamo-Satoh, E., Hirai, R., Kawai, T., Matsushita, K., Hiiragi, A., Dermody, T.S., Fujita, T., and Akira, S. (2008). Length-dependent recognition of double-stranded ribonucleic acids by retinoic acid-inducible gene-I and melanoma differentiation-associated gene 5. J. Exp. Med. *205*, 1601–1610.

Kawai, T., Takahashi, K., Sato, S., Coban, C., Kumar, H., Kato, H., Ishii, K.J., Takeuchi, O., and Akira, S. (2005). IPS-1, an adaptor triggering RIG-I- and Mda5-mediated type I interferon induction. Nat. Immunol. *6*, 981–988.

Keskinen, P., Nyqvist, M., Sareneva, T., Pirhonen, J., Melén, K., and Julkunen, I. (1999). Impaired antiviral response in human hepatoma cells. Virology *263*, 364–375.

Kohlway, A., Luo, D., Rawling, D.C., Ding, S.C., and Pyle, A.M. (2013). Defining the functional determinants for RNA surveillance by RIG-I. EMBO Rep.

Kolakofsky, D. (1976). Isolation and characterization of Sendai virus DI-RNAs. Cell *8*, 547–555.

Komuro, A., and Horvath, C.M. (2006). RNA- and virus-independent inhibition of antiviral signaling by RNA helicase LGP2. J. Virol. *80*, 12332–12342.

Komuro, A., Bamming, D., and Horvath, C.M. (2008). Negative regulation of cytoplasmic RNA-mediated antiviral signaling. Cytokine *43*, 350–358.

Kowalinski, E., Lunardi, T., McCarthy, A.A., Louber, J., Brunel, J., Grigorov, B., Gerlier, D., and Cusack, S. (2011). Structural basis for the activation of innate immune pattern-recognition receptor RIG-I by viral RNA. Cell *147*, 423–435.

Kumar, H., Kawai, T., and Akira, S. (2011). Pathogen recognition by the innate immune system. Int. Rev. Immunol. *30*, 16–34.

Li, K., Chen, Z., Kato, N., Gale, M., Jr, and Lemon, S.M. (2005). Distinct poly(I-C) and virus-activated signaling pathways leading to interferon-beta production in hepatocytes. J. Biol. Chem. *280*, 16739–16747.

Li, X., Lu, C., Stewart, M., Xu, H., Strong, R.K., Igumenova, T., and Li, P. (2009). Structural basis of double-stranded RNA recognition by the RIG-I like receptor MDA5. Arch. Biochem. Biophys. *488*, 23–33.

Lin, R., Yang, L., Nakhaei, P., Sun, Q., Sharif-Askari, E., Julkunen, I., and Hiscott, J. (2006). Negative regulation of the retinoic acid-inducible gene I-induced antiviral state by the ubiquitin-editing protein A20. J. Biol. Chem. *281*, 2095–2103.

Linder, P., and Jankowsky, E. (2011). From unwinding to clamping - the DEAD box RNA helicase family. Nat. Rev. Mol. Cell Biol. *12*, 505–516.

Ling, Z., Tran, K.C., and Teng, M.N. (2009). Human respiratory syncytial virus nonstructural protein NS2 antagonizes the activation of beta interferon transcription by interacting with RIG-I. J. Virol. *83*, 3734–3742.

Liu, H.M., Loo, Y.-M., Horner, S.M., Zornetzer, G.A., Katze, M.G., and Gale, M., Jr (2012). The mitochondrial targeting chaperone 14-3-3ε regulates a RIG-I translocon that mediates membrane association and innate antiviral immunity. Cell Host Microbe *11*, 528–537.

Longhi, S. (2009). Nucleocapsid structure and function. Curr. Top. Microbiol. Immunol. *329*, 103–128.

Loo, Y.-M., and Gale, M., Jr (2011). Immune signaling by RIG-I-like receptors. Immunity *34*, 680–692.

Loo, Y.-M., Fornek, J., Crochet, N., Bajwa, G., Perwitasari, O., Martinez-Sobrido, L., Akira, S., Gill, M.A., García-Sastre, A., Katze, M.G., et al. (2008). Distinct RIG-I and MDA5 signaling by RNA viruses in innate immunity. J. Virol. *82*, 335–345.

Lu, C., Xu, H., Ranjith-Kumar, C.T., Brooks, M.T., Hou, T.Y., Hu, F., Herr, A.B., Strong, R.K., Kao, C.C., and Li, P. (2010). The structural basis of 5′ triphosphate double-stranded RNA recognition by RIG-I C-terminal domain. Struct. Lond. Engl. 1993 *18*, 1032–1043.

Luo, D., Ding, S.C., Vela, A., Kohlway, A., Lindenbach, B.D., and Pyle, A.M. (2011). Structural insights into RNA recognition by RIG-I. Cell *147*, 409–422.

Luthra, P., Sun, D., Silverman, R.H., and He, B. (2011). Activation of IFN-β expression by a viral mRNA through RNase L and MDA5. Proc. Natl. Acad. Sci. U. S. A. *108*, 2118–2123.

Marq, J.-B., Hausmann, S., Luban, J., Kolakofsky, D., and Garcin, D. (2009). The double-stranded RNA binding domain of the vaccinia virus E3L protein inhibits both RNA- and DNA-induced activation of interferon beta. J. Biol. Chem. *284*, 25471–25478.

Marq, J.-B., Kolakofsky, D., and Garcin, D. (2010). Unpaired 5'ppp-Nucleotides, as Found in Arenavirus Double-stranded RNA Panhandles, Are Not Recognized by RIG-I. J. Biol. Chem. *285*, 18208–18216.

Marq, J.-B., Hausmann, S., Veillard, N., Kolakofsky, D., and Garcin, D. (2011). Short Double-stranded RNAs with an Overhanging 5'ppp-Nucleotide, as Found in Arenavirus Genomes, Act as RIG-I Decoys. J. Biol. Chem. *286*, 6108–6116.

Marques, J.T., Devosse, T., Wang, D., Zamanian-Daryoush, M., Serbinowski, P., Hartmann, R., Fujita, T., Behlke, M.A., and Williams, B.R.G. (2006). A structural basis for discriminating between self and nonself double-stranded RNAs in mammalian cells. Nat. Biotechnol. *24*, 559–565.

Masters, P.S., and Samuel, C.E. (1984). Mechanism of interferon action. Inhibition of vesicular stomatitis virus in human amnion U cells by cloned human leukocyte interferon. Biochem. Biophys. Res. Commun. *119*, 326–334.

Le May, N., Dubaele, S., Proietti De Santis, L., Billecocq, A., Bouloy, M., and Egly, J.-M. (2004). TFIIH transcription factor, a target for the Rift Valley hemorrhagic fever virus. Cell *116*, 541–550.

Le May, N., Mansuroglu, Z., Léger, P., Josse, T., Blot, G., Billecocq, A., Flick, R., Jacob, Y., Bonnefoy, E., and Bouloy, M. (2008). A SAP30 complex inhibits IFN-beta expression in Rift Valley fever virus infected cells. PLoS Pathog. *4*, e13.

McCartney, S.A., Thackray, L.B., Gitlin, L., Gilfillan, S., Virgin, H.W., Virgin Iv, H.W., and Colonna, M. (2008). MDA-5 recognition of a murine norovirus. PLoS Pathog. *4*, e1000108.

Melchjorsen, J. (2013). Learning from the messengers: innate sensing of viruses and cytokine regulation of immunity - clues for treatments and vaccines. Viruses *5*, 470–527.

Melchjorsen, J., Rintahaka, J., Søby, S., Horan, K.A., Poltajainen, A., Østergaard, L., Paludan, S.R., and Matikainen, S. (2010). Early innate recognition of herpes simplex virus in human primary macrophages is mediated via the MDA5/MAVS-dependent and MDA5/MAVS/RNA polymerase III-independent pathways. J. Virol. *84*, 11350–11358.

Meurs, E.F., and Breiman, A. (2007). The interferon inducing pathways and the hepatitis C virus. World J. Gastroenterol. WJG *13*, 2446–2454.

Meylan, E., Curran, J., Hofmann, K., Moradpour, D., Binder, M., Bartenschlager, R., and Tschopp, J. (2005). Cardif is an adaptor protein in the RIG-I antiviral pathway and is targeted by hepatitis C virus. Nature *437*, 1167–1172.

Moresco, E.M.Y., Vine, D.L., and Beutler, B. (2011). Prion-like behavior of MAVS in RIG-I signaling. Cell Res. *21*, 1643–1645.

Murali, A., Li, X., Ranjith-Kumar, C.T., Bhardwaj, K., Holzenburg, A., Li, P., and Kao, C.C. (2008). Structure and function of LGP2, a DEX(D/H) helicase that regulates the innate immunity response. J. Biol. Chem. *283*, 15825–15833.

Myong, S., Cui, S., Cornish, P.V., Kirchhofer, A., Gack, M.U., Jung, J.U., Hopfner, K.-P., and Ha, T. (2009). Cytosolic viral sensor RIG-I is a 5'-triphosphate-dependent translocase on double-stranded RNA. Science *323*, 1070–1074.

Nakabayashi, H., Taketa, K., Miyano, K., Yamane, T., and Sato, J. (1982). Growth of human hepatoma cells lines with differentiated functions in chemically defined medium. Cancer Res. *42*, 3858–3863.

Nemeroff, M.E., Barabino, S.M., Li, Y., Keller, W., and Krug, R.M. (1998). Influenza virus NS1 protein interacts with the cellular 30 kDa subunit of CPSF and inhibits 3'end formation of cellular pre-mRNAs. Mol. Cell *1*, 991–1000.

Nistal-Villán, E., Gack, M.U., Martínez-Delgado, G., Maharaj, N.P., Inn, K.-S., Yang, H., Wang, R., Aggarwal, A.K., Jung, J.U., and García-Sastre, A. (2010). Negative role of RIG-I serine 8 phosphorylation in the regulation of interferon-beta production. J. Biol. Chem. *285*, 20252–20261.

Noton, S.L., Deflubé, L.R., Tremaglio, C.Z., and Fearns, R. (2012). The respiratory syncytial virus polymerase has multiple RNA synthesis activities at the promoter. PLoS Pathog. *8*, e1002980.

O'Neill, L.A.J., and Bowie, A.G. (2010). Sensing and signaling in antiviral innate immunity. Curr. Biol. CB *20*, R328–333.

O'Shea, E.K., Klemm, J.D., Kim, P.S., and Alber, T. (1991). X-ray structure of the GCN4 leucine zipper, a two-stranded, parallel coiled coil. Science *254*, 539–544.

Okabe, Y., Sano, T., and Nagata, S. (2009). Regulation of the innate immune response by threonine-phosphatase of Eyes absent. Nature *460*, 520–524.

Onoguchi, K., Yoneyama, M., and Fujita, T. (2011). Retinoic acid-inducible gene-I-like receptors. J. Interf. Cytokine Res. Off. J. Int. Soc. Interf. Cytokine Res. *31*, 27–31.

Oshiumi, H., Matsumoto, M., Hatakeyama, S., and Seya, T. (2009). Riplet/RNF135, a RING finger protein, ubiquitinates RIG-I to promote interferon-beta induction during the early phase of viral infection. J. Biol. Chem. *284*, 807–817.

Oshiumi, H., Sakai, K., Matsumoto, M., and Seya, T. (2010). DEAD/H BOX 3 (DDX3) helicase binds the RIG-I adaptor IPS-1 to up-regulate IFN-beta-inducing potential. Eur. J. Immunol. *40*, 940–948.

Oshiumi, H., Miyashita, M., Matsumoto, M., and Seya, T. (2013). A Distinct Role of Riplet-Mediated K63-Linked Polyubiquitination of the RIG-I Repressor Domain in Human Antiviral Innate Immune Responses. PLoS Pathog. *9*, e1003533.

Parisien, J.-P., Bamming, D., Komuro, A., Ramachandran, A., Rodriguez, J.J., Barber, G., Wojahn, R.D., and Horvath, C.M. (2009). A shared interface mediates paramyxovirus interference with antiviral RNA helicases MDA5 and LGP2. J. Virol. *83*, 7252–7260.

Patel, J.R., Jain, A., Chou, Y.-Y., Baum, A., Ha, T., and García-Sastre, A. (2013). ATPase-driven oligomerization of RIG-I on RNA allows optimal activation of type-I interferon. EMBO Rep.

Paz, S., Vilasco, M., Arguello, M., Sun, Q., Lacoste, J., Nguyen, T.L.-A., Zhao, T., Shestakova, E.A., Zaari, S., Bibeau-Poirier, A., et al. (2009). Ubiquitin-regulated recruitment of IkappaB kinase epsilon to the MAVS interferon signaling adapter. Mol. Cell. Biol. *29*, 3401–3412.

Peisley, A., Lin, C., Wu, B., Orme-Johnson, M., Liu, M., Walz, T., and Hur, S. (2011). Cooperative assembly and dynamic disassembly of MDA5 filaments for viral dsRNA recognition. Proc. Natl. Acad. Sci. U. S. A. *108*, 21010–21015.

Perrault, J., and Leavitt, R.W. (1978). Inverted complementary terminal sequences in single-stranded RNAs and snap-back RNAs from vesicular stomatitis defective interfering particles. J. Gen. Virol. *38*, 35–50.

Pichlmair, A., Schulz, O., Tan, C.P., Näslund, T.I., Liljeström, P., Weber, F., and Reis e Sousa, C. (2006). RIG-I-mediated antiviral responses to single-stranded RNA bearing 5'-phosphates. Science *314*, 997–1001.

Pichlmair, A., Schulz, O., Tan, C.-P., Rehwinkel, J., Kato, H., Takeuchi, O., Akira, S., Way, M., Schiavo, G., and Reis e Sousa, C. (2009). Activation of MDA5 requires higher-order RNA structures generated during virus infection. J. Virol. *83*, 10761–10769.

Pippig, D.A., Hellmuth, J.C., Cui, S., Kirchhofer, A., Lammens, K., Lammens, A., Schmidt, A., Rothenfusser, S., and Hopfner, K.-P. (2009). The regulatory domain of the RIG-I family ATPase LGP2 senses double-stranded RNA. Nucleic Acids Res. *37*, 2014–2025.

Plumet, S., Herschke, F., Bourhis, J.-M., Valentin, H., Longhi, S., and Gerlier, D. (2007). Cytosolic 5'-triphosphate ended viral leader transcript of measles virus as activator of the RIG I-mediated interferon response. PloS One *2*, e279.

Pothlichet, J., Burtey, A., Kubarenko, A.V., Caignard, G., Solhonne, B., Tangy, F., Ben-Ali, M., Quintana-Murci, L., Heinzmann, A., Chiche, J.-D., et al. (2009). Study of human RIG-I polymorphisms identifies two variants with an opposite impact on the antiviral immune response. PloS One *4*, e7582.

Radecke, F., Spielhofer, P., Schneider, H., Kaelin, K., Huber, M., Dötsch, C., Christiansen, G., and Billeter, M.A. (1995). Rescue of measles viruses from cloned DNA. EMBO J. *14*, 5773–5784.

Rajani, K.R., Pettit Kneller, E.L., McKenzie, M.O., Horita, D.A., Chou, J.W., and Lyles, D.S. (2012). Complexes of vesicular stomatitis virus matrix protein with host Rae1 and Nup98 involved in inhibition of host transcription. PLoS Pathog. *8*, e1002929.

Ranjan, P., Bowzard, J.B., Schwerzmann, J.W., Jeisy-Scott, V., Fujita, T., and Sambhara, S. (2009). Cytoplasmic nucleic acid sensors in antiviral immunity. Trends Mol. Med. *15*, 359–368.

Ranjith-Kumar, C.T., Murali, A., Dong, W., Srisathiyanarayanan, D., Vaughan, R., Ortiz-Alacantara, J., Bhardwaj, K., Li, X., Li, P., and Kao, C.C. (2009). Agonist and antagonist recognition by RIG-I, a cytoplasmic innate immunity receptor. J. Biol. Chem. *284*, 1155–1165.

Rehwinkel, J., Tan, C.P., Goubau, D., Schulz, O., Pichlmair, A., Bier, K., Robb, N., Vreede, F., Barclay, W., Fodor, E., et al. (2010). RIG-I detects viral genomic RNA during negative-strand RNA virus infection. Cell *140*, 397–408.

Remy, I., and Michnick, S.W. (2006). A highly sensitive protein-protein interaction assay based on Gaussia luciferase. Nat. Methods *3*, 977–979.

Ren, J., Liu, T., Pang, L., Li, K., Garofalo, R.P., Casola, A., and Bao, X. (2011). A novel mechanism for the inhibition of interferon regulatory factor-3-dependent gene expression by human respiratory syncytial virus NS1 protein. J. Gen. Virol. *92*, 2153–2159.

Rieder, M., and Conzelmann, K.-K. (2009). Rhabdovirus evasion of the interferon system. J. Interf. Cytokine Res. Off. J. Int. Soc. Interf. Cytokine Res. *29*, 499–509.

Rodriguez, K.R., and Horvath, C.M. (2013). Amino acid requirements for MDA5 and LGP2 recognition by paramyxovirus V proteins: a single arginine distinguishes MDA5 from RIG-I. J. Virol. *87*, 2974–2978.

Rothenfusser, S., Goutagny, N., DiPerna, G., Gong, M., Monks, B.G., Schoenemeyer, A., Yamamoto, M., Akira, S., and Fitzgerald, K.A. (2005). The RNA helicase Lgp2 inhibits TLR-independent sensing of viral replication by retinoic acid-inducible gene-I. J. Immunol. Baltim. Md 1950 *175*, 5260–5268.

Saito, T., Hirai, R., Loo, Y.-M., Owen, D., Johnson, C.L., Sinha, S.C., Akira, S., Fujita, T., and Gale, M. (2007). Regulation of innate antiviral defenses through a shared repressor domain in RIG-I and LGP2. Proc. Natl. Acad. Sci. U. S. A. *104*, 582–587.

Sanada, T., Takaesu, G., Mashima, R., Yoshida, R., Kobayashi, T., and Yoshimura, A. (2008). FLN29 deficiency reveals its negative regulatory role in the Toll-like receptor (TLR) and retinoic acid-inducible gene I (RIG-I)-like helicase signaling pathway. J. Biol. Chem. *283*, 33858–33864.

Sasaki, O., Yoshizumi, T., Kuboyama, M., Ishihara, T., Suzuki, E., Kawabata, S., and Koshiba, T. (2013). A structural perspective of the MAVS-regulatory mechanism on the mitochondrial outer membrane using bioluminescence resonance energy transfer. Biochim. Biophys. Acta *1833*, 1017–1027.

Satoh, T., Kato, H., Kumagai, Y., Yoneyama, M., Sato, S., Matsushita, K., Tsujimura, T., Fujita, T., Akira, S., and Takeuchi, O. (2010). LGP2 is a positive regulator of RIG-I- and MDA5-mediated antiviral responses. Proc. Natl. Acad. Sci. U. S. A. *107*, 1512–1517.

Schlee, M. (2013). Master sensors of pathogenic RNA - RIG-I like receptors. Immunobiology.

Schlee, M., and Hartmann, G. (2010). The chase for the RIG-I ligand--recent advances. Mol. Ther. J. Am. Soc. Gene Ther. *18*, 1254–1262.

Schlee, M., Roth, A., Hornung, V., Hagmann, C.A., Wimmenauer, V., Barchet, W., Coch, C., Janke, M., Mihailovic, A., Wardle, G., et al. (2009). Recognition of 5′ triphosphate by RIG-I helicase requires short blunt double-stranded RNA as contained in panhandle of negative-strand virus. Immunity *31*, 25–34.

Schmidt, A., Schwerd, T., Hamm, W., Hellmuth, J.C., Cui, S., Wenzel, M., Hoffmann, F.S., Michallet, M.-C., Besch, R., Hopfner, K.-P., et al. (2009). 5′-triphosphate RNA requires base-paired structures to activate antiviral signaling via RIG-I. Proc. Natl. Acad. Sci. U. S. A. *106*, 12067–12072.

Sen, A., Feng, N., Ettayebi, K., Hardy, M.E., and Greenberg, H.B. (2009). IRF3 inhibition by rotavirus NSP1 is host cell and virus strain dependent but independent of NSP1 proteasomal degradation. J. Virol. *83*, 10322–10335.

Seth, R.B., Sun, L., Ea, C.-K., and Chen, Z.J. (2005). Identification and characterization of MAVS, a mitochondrial antiviral signaling protein that activates NF-kappaB and IRF 3. Cell *122*, 669–682.

Shigemoto, T., Kageyama, M., Hirai, R., Zheng, J., Yoneyama, M., and Fujita, T. (2009). Identification of Loss of Function Mutations in Human Genes Encoding RIG-I and MDA5. J. Biol. Chem. *284*, 13348–13354.

Shu, Y., Habchi, J., Costanzo, S., Padilla, A., Brunel, J., Gerlier, D., Oglesbee, M., and Longhi, S. (2012). Plasticity in structural and functional interactions between the phosphoprotein and nucleoprotein of measles virus. J. Biol. Chem. *287*, 11951–11967.

Da Silva, L.F., and Jones, C. (2013). Small non-coding RNAs encoded within the herpes simplex virus type 1 latency associated transcript (LAT) cooperate with the retinoic acid inducible gene I (RIG-I) to induce beta-interferon promoter activity and promote cell survival. Virus Res. *175*, 101–109.

Staeheli, P., Danielson, P., Haller, O., and Sutcliffe, J.G. (1986). Transcriptional activation of the mouse Mx gene by type I interferon. Mol. Cell. Biol. *6*, 4770–4774.

Sumpter, R., Loo, Y.-M., Foy, E., Li, K., Yoneyama, M., Fujita, T., Lemon, S.M., and Gale, M. (2005). Regulating Intracellular Antiviral Defense and Permissiveness to Hepatitis C Virus RNA Replication through a Cellular RNA Helicase, RIG-I. J. Virol. *79*, 2689–2699.

Sun, D., Luthra, P., Li, Z., and He, B. (2009a). PLK1 down-regulates parainfluenza virus 5 gene expression. PLoS Pathog. *5*, e1000525.

Sun, W., Li, Y., Chen, L., Chen, H., You, F., Zhou, X., Zhou, Y., Zhai, Z., Chen, D., and Jiang, Z. (2009b). ERIS, an endoplasmic reticulum IFN stimulator, activates innate immune signaling through dimerization. Proc. Natl. Acad. Sci. U. S. A. *106*, 8653–8658.

Sun, Z., Ren, H., Liu, Y., Teeling, J.L., and Gu, J. (2011). Phosphorylation of RIG-I by casein kinase II inhibits its antiviral response. J. Virol. *85*, 1036–1047.

Takahasi, K., Yoneyama, M., Nishihori, T., Hirai, R., Kumeta, H., Narita, R., Gale, M., Jr, Inagaki, F., and Fujita, T. (2008). Nonself RNA-sensing mechanism of RIG-I helicase and activation of antiviral immune responses. Mol. Cell *29*, 428–440.

Takahasi, K., Kumeta, H., Tsuduki, N., Narita, R., Shigemoto, T., Hirai, R., Yoneyama, M., Horiuchi, M., Ogura, K., Fujita, T., et al. (2009). Solution structures of cytosolic RNA sensor MDA5 and LGP2 C-terminal domains: identification of the RNA recognition loop in RIG-I-like receptors. J. Biol. Chem. *284*, 17465–17474.

Takeuchi, O., and Akira, S. (2010). Pattern recognition receptors and inflammation. Cell *140*, 805–820.

Tang, D., Kang, R., Coyne, C.B., Zeh, H.J., and Lotze, M.T. (2012). PAMPs and DAMPs: signal 0s that spur autophagy and immunity. Immunol. Rev. *249*, 158–175.

Tawar, R.G., Duquerroy, S., Vonrhein, C., Varela, P.F., Damier-Piolle, L., Castagné, N., MacLellan, K., Bedouelle, H., Bricogne, G., Bhella, D., et al. (2009). Crystal structure of a nucleocapsid-like nucleoprotein-RNA complex of respiratory syncytial virus. Science *326*, 1279–1283.

Tremaglio, C.Z., Noton, S.L., Deflubé, L.R., and Fearns, R. (2013). Respiratory syncytial virus polymerase can initiate transcription from position 3 of the leader promoter. J. Virol. *87*, 3196–3207.

Triantafilou, K., Vakakis, E., Kar, S., Richer, E., Evans, G.L., and Triantafilou, M. (2012). Visualisation of direct interaction of MDA5 and the dsRNA replicative intermediate form of positive strand RNA viruses. J. Cell Sci. *125*, 4761–4769.

Unterholzner, L. (2013). The interferon response to intracellular DNA: Why so many receptors? Immunobiology.

Venkataraman, T., Valdes, M., Elsby, R., Kakuta, S., Caceres, G., Saijo, S., Iwakura, Y., and Barber, G.N. (2007). Loss of DExD/H box RNA helicase LGP2 manifests disparate antiviral responses. J. Immunol. Baltim. Md 1950 *178*, 6444–6455.

Vitour, D., Dabo, S., Ahmadi Pour, M., Vilasco, M., Vidalain, P.-O., Jacob, Y., Mezel-Lemoine, M., Paz, S., Arguello, M., Lin, R., et al. (2009). Polo-like kinase 1 (PLK1) regulates interferon (IFN) induction by MAVS. J. Biol. Chem. *284*, 21797–21809.

Wang, Y., Ludwig, J., Schuberth, C., Goldeck, M., Schlee, M., Li, H., Juranek, S., Sheng, G., Micura, R., Tuschl, T., et al. (2010a). Structural and functional insights into 5′-ppp RNA pattern recognition by the innate immune receptor RIG-I. Nat. Struct. Mol. Biol. *17*, 781–787.

Wang, Y.-Y., Li, L., Han, K.-J., Zhai, Z., and Shu, H.-B. (2004). A20 is a potent inhibitor of TLR3- and Sendai virus-induced activation of NF-kappaB and ISRE and IFN-beta promoter. FEBS Lett. *576*, 86–90.

Wang, Y.-Y., Liu, L.-J., Zhong, B., Liu, T.-T., Li, Y., Yang, Y., Ran, Y., Li, S., Tien, P., and Shu, H.-B. (2010b). WDR5 is essential for assembly of the VISA-associated signaling complex and virus-triggered IRF3 and NF-kappaB activation. Proc. Natl. Acad. Sci. U. S. A. *107*, 815–820.

Weber, F., Wagner, V., Rasmussen, S.B., Hartmann, R., and Paludan, S.R. (2006). Double-stranded RNA is produced by positive-strand RNA viruses and DNA viruses but not in detectable amounts by negative-strand RNA viruses. J. Virol. *80*, 5059–5064.

Weber, M., Gawanbacht, A., Habjan, M., Rang, A., Borner, C., Schmidt, A.M., Veitinger, S., Jacob, R., Devignot, S., Kochs, G., et al. (2013). Incoming RNA virus nucleocapsids containing a 5′-triphosphorylated genome activate RIG-I and antiviral signaling. Cell Host Microbe *13*, 336–346.

Weichenrieder, O., Wild, K., Strub, K., and Cusack, S. (2000). Structure and assembly of the Alu domain of the mammalian signal recognition particle. Nature *408*, 167–173.

Whelan, S.P.J., Barr, J.N., and Wertz, G.W. (2004). Transcription and replication of nonsegmented negative-strand RNA viruses. Curr. Top. Microbiol. Immunol. *283*, 61–119.

Wies, E., Wang, M.K., Maharaj, N.P., Chen, K., Zhou, S., Finberg, R.W., and Gack, M.U. (2013). Dephosphorylation of the RNA sensors RIG-I and MDA5 by the phosphatase PP1 is essential for innate immune signaling. Immunity *38*, 437–449.

Wild, K., Sinning, I., and Cusack, S. (2001). Crystal structure of an early protein-RNA assembly complex of the signal recognition particle. Science *294*, 598–601.

Wilkins, C., and Gale, M., Jr (2010). Recognition of viruses by cytoplasmic sensors. Curr. Opin. Immunol. *22*, 41–47.

Wu, B., Peisley, A., Richards, C., Yao, H., Zeng, X., Lin, C., Chu, F., Walz, T., and Hur, S. (2013). Structural basis for dsRNA recognition, filament formation, and antiviral signal activation by MDA5. Cell *152*, 276–289.

Xu, L.-G., Wang, Y.-Y., Han, K.-J., Li, L.-Y., Zhai, Z., and Shu, H.-B. (2005). VISA is an adapter protein required for virus-triggered IFN-beta signaling. Mol. Cell *19*, 727–740.

Yang, Y.-K., Qu, H., Gao, D., Di, W., Chen, H.-W., Guo, X., Zhai, Z.-H., and Chen, D.-Y. (2011). ARF-like protein 16 (ARL16) inhibits RIG-I by binding with its C-terminal domain in a GTP-dependent manner. J. Biol. Chem. *286*, 10568–10580.

Yasukawa, K., Oshiumi, H., Takeda, M., Ishihara, N., Yanagi, Y., Seya, T., Kawabata, S., and Koshiba, T. (2009). Mitofusin 2 inhibits mitochondrial antiviral signaling. Sci. Signal. *2*, ra47.

Yoneyama, M., and Fujita, T. (2007). RIG-I family RNA helicases: cytoplasmic sensor for antiviral innate immunity. Cytokine Growth Factor Rev. *18*, 545–551.

Yoneyama, M., and Fujita, T. (2009). RNA recognition and signal transduction by RIG-I-like receptors. Immunol. Rev. *227*, 54–65.

Yoneyama, M., and Fujita, T. (2010). Recognition of viral nucleic acids in innate immunity. Rev. Med. Virol. *20*, 4–22.

Yoneyama, M., Kikuchi, M., Natsukawa, T., Shinobu, N., Imaizumi, T., Miyagishi, M., Taira, K., Akira, S., and Fujita, T. (2004). The RNA helicase RIG-I has an essential function in double-stranded RNA-induced innate antiviral responses. Nat. Immunol. *5*, 730–737.

Yoneyama, M., Kikuchi, M., Matsumoto, K., Imaizumi, T., Miyagishi, M., Taira, K., Foy, E., Loo, Y.-M., Gale, M., Jr, Akira, S., et al. (2005). Shared and unique functions of the DExD/H-box helicases RIG-I, MDA5, and LGP2 in antiviral innate immunity. J. Immunol. Baltim. Md 1950 *175*, 2851–2858.

Yoneyama, M., Onomoto, K., and Fujita, T. (2008). Cytoplasmic recognition of RNA. Adv. Drug Deliv. Rev. *60*, 841–846.

Yuan, H., Yoza, B.K., and Lyles, D.S. (1998). Inhibition of host RNA polymerase II-dependent transcription by vesicular stomatitis virus results from inactivation of TFIID. Virology *251*, 383–392.

Zeng, W., Sun, L., Jiang, X., Chen, X., Hou, F., Adhikari, A., Xu, M., and Chen, Z.J. (2010). Reconstitution of the RIG-I pathway reveals a signaling role of unanchored polyubiquitin chains in innate immunity. Cell *141*, 315–330.

Zhang, M., Wu, X., Lee, A.J., Jin, W., Chang, M., Wright, A., Imaizumi, T., and Sun, S.-C. (2008). Regulation of IkappaB kinase-related kinases and antiviral responses by tumor suppressor CYLD. J. Biol. Chem. *283*, 18621–18626.

Zhong, B., Yang, Y., Li, S., Wang, Y.-Y., Li, Y., Diao, F., Lei, C., He, X., Zhang, L., Tien, P., et al. (2008). The adaptor protein MITA links virus-sensing receptors to IRF3 transcription factor activation. Immunity *29*, 538–550.

Züst, R., Cervantes-Barragan, L., Habjan, M., Maier, R., Neuman, B.W., Ziebuhr, J., Szretter, K.J., Baker, S.C., Barchet, W., Diamond, M.S., et al. (2011). Ribose 2'-O-methylation provides a molecular signature for the distinction of self and non-self mRNA dependent on the RNA sensor Mda5. Nat. Immunol. *12*, 137–143.

I want morebooks!

Buy your books fast and straightforward online - at one of the world's fastest growing online book stores! Environmentally sound due to Print-on-Demand technologies.

Buy your books online at

www.get-morebooks.com

Achetez vos livres en ligne, vite et bien, sur l'une des librairies en ligne les plus performantes au monde!
En protégeant nos ressources et notre environnement grâce à l'impression à la demande.

La librairie en ligne pour acheter plus vite

www.morebooks.fr

OmniScriptum Marketing DEU GmbH
Heinrich-Böcking-Str. 6-8
D - 66121 Saarbrücken
Telefax: +49 681 93 81 567-9

info@omniscriptum.com
www.omniscriptum.com

Printed by Books on Demand GmbH, Norderstedt / Germany